true green @ work

친환경 일터를 만드는 100가지 지혜

Photo: Corbis Australia

true green @ work

친환경 일터를 만드는 100가지 지혜

킴 매케이 KIM MCKAY, 제니 보닌 JENNY BONNIN

NATIONAL GEOGRAPHIC　　FursysBooks

TRUE GREEN @ WORK
by Kim McKay and Jenny Bonnin with Tim Wallace

내셔널 지오그래픽 소사이어티 National Geographic Society

1888년에 설립된 내셔널 지오그래픽 소사이어티 National Geographic Society 는
세계에서 가장 큰 과학 및 교육기관 중 하나다. 내셔널 지오그래픽과 4개의 잡지,
내셔널 지오그래픽 채널, 텔레비전 다큐멘터리, 라디오 프로그램, 영화, 서적, 비디오와
DVD, 지도, 그리고 쌍방형 미디어를 통해 매월 전 세계 2억8000명 이상의 사람과
접하고 있다. 내셔널 지오그래픽은 8000건 이상의 과학적 연구 과제를 지원해왔으며
문맹 퇴치를 위한 교육 프로그램을 지원하고 있다. 더 자세한 정보는 웹사이트
http://www.nationalgeographic.com를 참조하면 된다.

contents

기획자의 글

퍼시스 사무환경연구팀
Workplace@fursys.com

환경문제가 전 세계적인 화두로 자리잡으면서 지속가능한 지구를
만들기 위한 각 분야의 책임 있는 노력이 강조되고 있습니다.
특히, 기업의 경제 활동이 환경에 미치는 영향이 큰 만큼 기업의
사회적 책임은 더욱 강조되고 있어, 친환경성은 기업 영속의
기본이자 필수적 요소가 되었습니다.

실제로 국내외의 많은 기업이 친환경 문화와 일터, 제품을 만들기
위해 다양한 노력을 기울이고 있지만, 아직까지 구체적인 실천보다는
기업의 이미지 제고를 위한 측면이 더 부각되었던 것이 사실입니다.
하지만 구성원과 기업 문화 구석구석까지 환경 중심적으로 사고하고
행동하는 기업, 기업의 체질 자체를 친환경으로 바꾼 기업이
아니고서는 진정한 친환경 기업이라고 할 수 없을 것입니다.

〈True Green@Work, 친환경 일터를 만드는 100가지 지혜〉는
이 같은 사회적 요구에 부합해 모든 일터에서 친환경적인 변화를
일으킬 수 있도록 돕는 100가지의 실천 방법을 담은 지침서입니다.
친환경 인증을 획득한 사무기기 · 문구류의 선택, 전력 소모를
줄일 수 있는 올바른 습관과 같이 개인의 책상이나 오피스에서
실천할 수 있는 간단한 방법에서부터 최고 환경 책임자 임명, 친환경
인증 획득 등 기업 경영과 마케팅 측면에서 접근해야 하는 기업
차원의 지침까지 폭넓게 제공하며 기업이 진정한 친환경을 실천할
수 있도록 돕습니다.

이제 막 환경 경영의 중요성을 인식했거나 지금까지 표면적인
친환경에 머물렀다면, 이 책을 계기로 기업 관계자와 구성원들의
참여를 이끌어내고, 친환경 기업으로 내실을 견고히 할 수 있는
기회를 만드실 수 있기를 바랍니다.

서문 1

웬디 고든 Wendy Gordon
친환경 가이드 Green Guide 의 설립자

〈해리 포터〉의 출판사가 지속가능하게 관리된 숲에서 벌채한 나무로 만들어져 국제산림관리협회 Forest Stewardship Council의 인증을 받은 종이에 J.K 롤링의 최근 저작을 인쇄하기로 한 결정이 출판업계에 미칠 영향을 상상해보라. 또는 페덱스 FedEx와 여러 도시에서 일부 트럭을 하이브리드 차량으로 바꾸기로 한 것, 월마트 Wall-Mart가 납품업자들에게 상품의 포장재를 줄이지 않으면 계약을 하지 않겠다고 요구하는 것이 무엇을 의미하는지 생각해보자.

물론 우리가 모두 그러한 결정을 내릴 위치에 있는 것은 아니다. 하지만 지위나 회사의 규모와 관계없이, 친환경적인 차이를 만들어나가는 방법은 얼마든지 많다. 어떤 방법이 있을까. 예를 들면 에너지와 물을 절약하는 것이다. 친환경적인 동시에 비용도 절감된다. 일터에서 이보다 더 중요하게 실천할 수 있는 친환경이란 화석연료 사용량을 줄이는 것, 온실가스 배출량을 줄이는 것, 지구온난화를 막는 것, 폐기물로 배출되는 화학물질의 양을 감소시키는 것, 나무를 많이 심고 더욱 깨끗한 공기를 만들어나가는 것을 의미한다. 이는 지구 환경 보전에 중요한 밑바탕을 다지는 것이다.

마감일이 다가오거나 마음이 심란할 때 친환경적인 방법으로 일할 수 있는 방안을 생각하기란 쉬운 일이 아니다. 바로 그것이 우리에게 〈True Green@Work 친환경 일터를 만드는 100가지 지혜〉가 필요한 이유다. 자원을 절약하기 위해 우리가 할 수 있는 간단한 일은 의외로 무수히 많다. 예를 들어 양면복사하기, 잉크 카트리지 재활용하기, 회의를

위한 출장보다 경비가 절약되고 이산화탄소도 배출하지 않는 화상회의를 활용하는 것 등이 그것이다.

내셔널 지오그래픽의 위성 사무실인 우리 사무실은 용지 구매에 변화를 시도하고 있다. 우선적인 목표는 종이 사용량을 줄이고, 사용한 종이를 확실히 재사용하게 하는 것이다. 이 부분은 건물 관리 및 환경 당국과 협의해야 하는 문제이기도 하다.

지금이 바로 적기다. 미국의 도시와 기업은 지금 새로운 생각을 하고 있다. 도시는 친환경 도시로 거듭나기 위해 서로 경쟁하면서 친환경 기업에는 혜택을 제공해 기업들을 독려하고 있다. 기업은 기업대로 상품의 생산, 포장, 저장, 배송, 사용, 폐기 방법을 변화시키기 위해 전례 없이 빠른 속도로 혁신을 꾀하고 있다. 생산 공장에서 제품의 공급 시설까지, 또 카페테리아에서 임원실까지 모든 프로세스를 면밀히 검토하고 있다. 이제 일을 잘하는 것과 친환경적으로 생활하는 것이 별개가 아니라고 기업 관리자들은 입을 모은다.

현대인 대부분은 수십 년 동안 일주일에 5일, 하루의 1/3 이상을 열심히 일하며 산다. 그렇지만 모든 일터가 생산성을 높이거나 건강에 도움이 되는 것은 아니다. 카페트, 캐비닛, 전자기구로부터 배출되는 유독 물질과 원활하지 않은 환기로 인해 심각한 실내 공기 오염과 '새 건물 증후군 sick building syndrome' 이 여러 작업장에서 나타난다. 친환경적인 사무실은 사용자를 고려해 설계된 깨끗하고 안전한 환경이다. 친환경 건물은 에너지 효율이 높고 물 사용이 효율적이며, 실내 오염 물질이 없고, 자연광이 넘치며, 대중교통수단이나 도보 및 자전거로도 쉽게 접근할 수 있는 곳이다. 〈True Green@Work 친환경 일터를 만드는 100가지 지혜〉는 우리의 사무실을 친환경적이고 건강한 곳으로 만드는 데 도움을 줄 것이다.

그러니 일터로 향할 때 이 책을 가지고 가도록 하자. 문제와 해결책을 고민하고 실행에 옮기기 위해 당신의 동료들과 대화하고 위원회를 조직해 사무실에 대한 환경 감사를 실시하자. 이 책이 여러분의 지침서가 될 것이다. 여기서 제시한 100가지의 방법은 실질적이고 시행하기 쉬운 것들로 친환경을 실천하기 위한 진실한 영감을 준다.

서문2

킴 매케이 Kim Mckay
제니 보닌 Jenny Bonnin

우리는 일생의 약 1/3을 직장에서 보내며 선진국일수록 더 많은 시간을 일터에서 보낸다.

근무 환경은 자존감, 동료나 가족과 관계를 유지하는 방법, 그리고 건강하고 만족스러운 삶을 영위하는 데 중대한 영향을 미친다. 일이란 일상의 한 부분에 불과하지만, 일을 성공적으로 마친 후 얻는 만족감은 우리 삶의 행복에까지 영향을 미칠 수 있다. 또 재정적인 만족도 준다.

하지만 포괄적인 시각으로 본다면 우리가 쏟는 그 시간이 우리에게 항상 최선의 이익을 가져다주지는 않는다.

우리 중 70%가 기후변화를 막기 위한 활동들을 지구의 가장 중요한 이슈라고 생각하고 있다. 하지만 우리가 많은 시간을 보내는 일터는 결국 대량의 에너지, 물, 그리고 기타 자원 소비의 근원지이며, 그 과정에서 온실가스가 배출된다.

일터에서 보내는 시간과 지구온난화의 영향에 대한 염려가 커지고 있는 것을 볼 때, 어찌 보면 근무 환경을 더욱 친환경적으로 만들고 지속가능한 기업이 되도록 하기 위해 무슨 일을 해야 하는지 알고 싶어하는 것은 당연하다.

2007년에 내셔널 지오그래픽에서 〈트루 그린 True Green : 보다 건강한 지구를 위해 당신이 기여할 수 있는 100가지 일상적인 방법〉을 발간한 이후, 독자들로부터 변화를 이끌어내기 위해 우리가 할 수 있는 방법에 대해 많은 질문을 받았다.

이 책의 기본 개념을 연구하고 친환경 기업의 사례를 찾는 과정에서 지난 수년간 많은 기업이 지속가능성 측면에서 중요한 실천을 하고 있음을 알게 되었다. 하지만 그러한 기업의 수는 여전히 많지 않다.

당신이 책임자가 아닐 경우에는 사람들을 변화시키는 것이 쉽지 않은 것으로 보일 수 있다. 책임자라 해도 어려운 일로 보이는 것은 당연하다. 그렇지만 '세계를 깨끗하게 Clean Up the World'에서 얻은 경험으로 볼 때, 모든 사람이 나름의 역할을 할 수 있다.

지속가능경영을 시행하는 기업의 최고경영자, 자투리 물품 재활용에 대한 혁신안을 제안하는 생산 관리자에서부터 식당의 재활용을 관리하는 일선 사원에 이르기까지, 이 모든 활동이 최종적인 성과의 차이를 만든다. 더불어 좋은 비즈니스 감각을 만드는 데 도움이 된다.

왜 지금 기업이 행동해야 하는지에 관한 근거를 생각해보자. 세계적으로 유명한 보험회사인 로이드 Lloyd는 세계의 기업이 당면한 최대의 위협으로 테러리즘, 정치적 불안정, 자연재해 그리고 기후변화를 꼽았다.

로이드 Lloyd의 회장 레빈 Lord Levene은 "기후변화를 고려하지 않는 기업은 장래에 그 기업의 이해관계자, 투자자, 고객으로부터 법적 소송을 당하는 위험에 처하게 된다. 기후변화에 대한 위험 비용 책정에서부터 기업 정책 표현을 아우르는 보험 전략을 제공해야 한다. 또한 개발 계획을 포함한 기업 전략을 안내하고 지도해야 한다."
고 주장했다.

영국의 경제학자인 스턴 Sir Nicholas Stern은 2006년 진행한 국책
연구 보고서에서 국내총생산GDP의 1%는 기후변화를 완화하는 데
투자되어야 하며, 그렇게 하지 않을 경우 사막화나 해수면 상승에
의해 2억 명에 달하는 환경 난민이 발생하고 결국 국내총생산이 20%
감소할 위험이 초래된다는 결론을 내렸다.

스턴에게 연구를 맡겼던 영국의 브라운 총리는 지금의 환경 위기는
기업, 대학교, 사회적 기업이 세계를 선도할 수 있는, '새로운 시장,
새로운 직업, 새로운 기술, 새로운 수출'을 위한 기회라고 밝혔다.

기업의 사회적 책임은 단순한 관리적 용어나 실천 없는 말만으로
이내 무시할 수 있는 지나가는 트렌드가 아니다. 당신의 기업이
25년 후에 살아남기를 원한다면, 오직 한 가지 길이 있다.
미래 세대가 환경을 누릴 수 있도록 현재 우리의 환경을 보호하고
보전하는 것이다.

지난 120여 년간 지구 사랑의 의지를 북돋워온 내셔널 지오그래픽과
협력하는 것은 즐거운 일이다. 내셔널 지오그래픽은 우리가 당면한
중요한 환경 현안을 지구 공동체에 알려오면서, 조직 전반에 걸쳐
지속 가능한 실천 양식을 제공하는 프로그램, 탄소배출량을 절감하는
프로그램을 시행해오고 있다.

이 책에서 제시한 10개 기업의 지속가능경영 사례를 보면서,
당신도 100여 가지 아이디어를 실천해주기를 바란다. 어렵지 않다.
약간의 노력, 그리고 정말 환경친화적으로 살겠다는 약속만 하면
된다.

웹사이트 www.betruegreen.com을 방문해서 이러한 변화를
가져오기 위해 당신이 일터에서 해야 하는 일을 공유해주기 바란다.

우리의 도전은 모든 기업을 대상으로 한다. 체질을 강화하고
환경에 대한 책임을 심각하게 받아들여야 한다. 당신의 이해관계자,
자재 공급업자, 고객은 모두 이미 관심을 갖고 있다. 특히 당신의
전 직원은 틀림없이 관심을 갖고 있을 것이다.

책상 desk

1 커피 문화를 바꾸자

coffee fix

작은 것이 큰 변화를 만든다. 한 잔의 커피를 생각해보자. 커피는 세계에서 석유 다음으로 비싼 합법적 상품으로 이에 따른 환경적 · 사회적 영향이 크다. 유기농 제품이나 공정무역 Fair Trade 상호가 있는 커피로 바꾸자고 바리스타나 관리자에게 요청해 긍정적인 변화를 만들자. 다음으로 머그잔을 사용해 연간 190만 톤 이상의 종이, 플라스틱 컵, 접시의 생산 · 운송 · 폐기 과정과 관련된 에너지와 폐기물 발생량을 줄여보자. 물론 머그잔을 물로 씻어서 사용해야 하겠지만 전과정평가 Life Cycle Analysis 에 따르면 약 3000회 사용할 수 있는 머그잔은 일회용 컵보다 폐기물 발생량이 약 30배, 대기오염물질 발생량이 약 60배 적다.

필기구

pens and pencils

2

미|국인은 연간 51억 자루 이상의 펜을 구매한다. 대부분의 펜은 다 쓰고 나면 쓰레기통에 버리는 일회용 타입이다. 여기에 필요 없는 플라스틱 폐기물도 더해져 연간 약 770톤이 매립되고 있다. 문서를 만들 때에는 재활용된 플라스틱이나 종이, 목재, 또는 완전히 생분해가 되는 바이오 플라스틱으로 만들어 수명이 길고 리필이 가능한 펜을 사용해서 한결 좋은 인상을 주자. 또한 지속가능하도록 관리된 지역에서 벌채된 목재나 재활용 종이, 오래된 플라스틱 컵, 나무 조각, 재생 천과 같은 목재 대용품으로 만든 연필을 사용하자.

종이
paper

보통 사무실 폐기물의 70% 정도는 종이다. 그래서 불필요한 종이 사용을 줄이면 종이의 구매 비용뿐 아니라 폐기물 처리 비용도 상당히 절약할 수 있다. 이면지 활용을 활성화하자. 책상에 정리함을 설치해서 단면만 인쇄된 파지를 모은 후 메모지로 사용하거나 복사, 팩스 용지로 사용할 수 있다. 필요 없는 페이지를 인쇄하지 않도록 문서를 다듬고, 화면상에서 꼼꼼히 수정하는 습관을 갖는 것도 중요하다. 동료들을 설득해서 종이 재활용함을 책상 가까이에 두고, 유기폐기물과 분리해 수거할 수 있게 하자.

문구류
other stationery

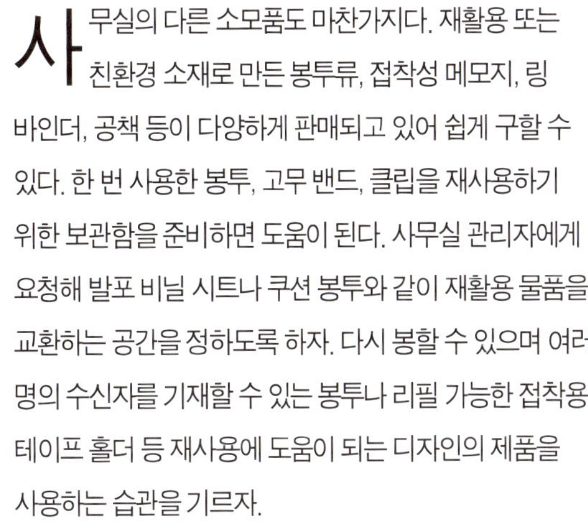

사무실의 다른 소모품도 마찬가지다. 재활용 또는 친환경 소재로 만든 봉투류, 접착성 메모지, 링 바인더, 공책 등이 다양하게 판매되고 있어 쉽게 구할 수 있다. 한 번 사용한 봉투, 고무 밴드, 클립을 재사용하기 위한 보관함을 준비하면 도움이 된다. 사무실 관리자에게 요청해 발포 비닐 시트나 쿠션 봉투와 같이 재활용 물품을 교환하는 공간을 정하도록 하자. 다시 봉할 수 있으며 여러 명의 수신자를 기재할 수 있는 봉투나 리필 가능한 접착용 테이프 홀더 등 재사용에 도움이 되는 디자인의 제품을 사용하는 습관을 기르자.

5

절전 모드의 활용
sleep more

하루에 최소 한 시간 이상 우리는 회의, 휴식, 전화 통화, 점심 식사 등으로 컴퓨터를 사용하지 않는다. 이럴 경우에 컴퓨터의 절전 모드를 활용해 전력 소모량을 5% 이상 절약할 수 있다. 컴퓨터를 10분 이상 사용하지 않을 경우 시스템 선택 사양에서 스크린과 하드 드라이버를 절전 모드로 설정하면 갑자기 다른 일을 할 경우 낭비되는 전기 소모량을 줄일 수 있다. 윈도우, OS/2, 유닉스, 맥 OS X 시스템에 대한 상세한 에너지 절약 방법은 미국 에너지 스타 홈페이지 www.energystar.gov에 자세히 소개되어 있다.

우편물

correspondence

우편 배송되는 카탈로그나 회의 초청장에서부터 대량 전송된 팩스와 인사장까지 인쇄물은 필요 없는 것이 더 많을 때가 있다. 이는 자원 낭비일 뿐 아니라 필요 없는 인쇄물을 분리해내야 하는 우리의 시간까지 낭비하게 한다. 필요 없는 인쇄물을 재활용 상자에 그대로 던져버리고 싶은 마음은 잠시 접어두고 조금 더 적극적으로 대처해보자. 발송처에 직접 전화해서 당신 또는 당신의 회사를 수신자 목록에서 제외해달라고 요청하거나, "여기로 보내지 마세요. 발송자에게 돌려주세요." 라고 써서 반송시켜 자원과 우리의 시간을 지키자.

7

음식에 대한 생각
food for thought

점심을 사 먹는 것이 만들어 먹는 것보다 물과 에너지 효율이 높은지에 대해서는 논란의 여지가 있다. 만든 음식을 다시 데워야 하는 경우에는 더욱 그렇다. 하지만 집에서 싸온 도시락이 사 먹는 음식보다 값도 싸고 고형 폐기물을 더 적게 발생시킨다는 것은 분명하다. 또 도시락을 이용하면 유기농산물을 더 많이 소비할 수 있다는 장점도 있다. 유기농산물은 환경에도 좋고, 화학물질의 함유량도 적으며, 영양가도 높은데다가 맛도 더 좋다. 만약 음식을 사서 먹게 된다면 음식을 살 때 받은 용기를 버리지 말고 다시 사용하자. 플라스틱 랩이나 알루미늄 포일 사용을 줄이고 식빵 포장지나 다른 플라스틱 포장재를 재사용하는 습관을 들여 자원을 절약하자. 일회용 상품 사용을 줄이고 재사용이 가능한 스푼, 포크, 젓가락을 서랍에 두면 이런 습관을 기르는 데 도움이 될 것이다.

식물
plant life

실내의 식물은 사무 환경에 매우 중요한 역할을 한다. 책상의 화분은 보기에도 좋지만 대기오염 물질과 컴퓨터 복사열을 흡수하고 산소 농도를 높여 자연적인 공기 여과기 기능도 한다. 식물은 또한 증산 작용으로 알려진 증발 작용을 통해 공기를 쾌적하게 하고 동료에게 있을지 모르는 미생물로부터 우리를 보호하기도 한다. 관련 연구에 따르면 식물은 피로, 기침, 인후염, 그리고 감기와 관련된 질병의 발생을 현저하게 감소시키는 것으로 나타났다. 그뿐만 아니라 식물은 스트레스 수준을 낮추는 데도 분명 효과가 있다. 전화 통화를 하면서 기다리는 동안 가까이에 있는 화분을 보면서 잠시 긴장과 스트레스를 이완시키는 것도 좋다.

9 드라이클리닝
dry-cleaning

세탁소에 드라이클리닝을 맡기는 것이 옷을 깨끗하게 관리하는 것이라고만 생각한다. 하지만 이는 세탁물에서 나는 유해한 냄새를 코로 흡입하는 행동이 될 수도 있다. 세탁업자들은 테트라클로로에틸렌 TCE 이라고 하는 화학용매를 많이 사용하기 때문이다. TCE는 강력한 유분 제거제인데 발암물질로 의심받고 있으며 천식과 알레르기를 악화시키는, 환경에 유해한 물질이다. 생산, 운송, 사용 과정에서 독성 포스겐 같은 화학물질로 분해되고 광화학적 스모그를 일으키는 요인이기도 하다. 드라이클리닝을 보내기 전에 간단한 찬물 손빨래나 부분 세탁을 먼저 해보는 것도 좋다. 그리고 옷걸이나 옷을 넣는 휴대용 가방을 재사용하고 친환경 세제를 사용하는 친환경 세탁소를 찾아보자.

사무기기 끄기
shut down

기 계는 꺼둔 상태보다 켜둔 상태가 더 효율적이라는 생각은 비경제적인 미신이다. 컴퓨터 한 대를 온종일 켜둘 경우 1년 동안 약 1000킬로와트의 전력이 소모된다. 그 결과 탄소 배출량은 1톤 이상이 되고 전기요금은 불필요하게 많이 부과된다. 퇴근하기 전에 컴퓨터의 전원을 끄면 전력사용량이 250킬로와트 이하로 줄어들어 탄소 배출량도 줄고 전기 요금도 상당히 절약된다. 회의하러 갈 때나 점심 먹으러 갈 때 컴퓨터나 다른 사무기기를 끄자.

〈 제너럴 일렉트릭 GE 은 시장에 근거한 정책 시행이 저탄소 중심 경제로
전환하는 발화점이 될 수 있다고 믿는다. 저탄소 사회는 지구뿐만 아니라 기업과
경제에도 이롭다 〉

GENERAL ELECTRIC

125년 전 토머스 에디슨 Thomas Edison 의 전구회사로 시작한 GE
는 기업의 역량을 친환경 미래를 만들어가는 데 집중시켰다. 세계적인
대규모 인프라, 상품, 서비스업, 금융업을 거느린 GE는 '친환경적
상상력 Ecomagination' 을 통해 환경적 도전에 대한 혁신적인
해결책을 마련하기 위해 최선을 다하고 있다.
'친환경적인 상상력'이란 에너지 효율이 높고 좀 더 깨끗한 상품에 대한
고객의 요구를 충족시키는 기업 전략을 말한다.

착상> GE는 '친환경적 상상력'을 통해 상품에서 나오는 오염 물질을
줄이고 청정 기술에 대한 연구개발비를 배가할 것을 서약했다.
2005년에 처음으로 열린 '꿈꾸기 과정 dreaming session' 을 거치면서
GE의 미래 전략을 구현하는 데 고객이 기여하도록 했다.

성과> GE는 '친환경적 상상력 상품 리뷰 점수표 Ecomagination Product
Review scorecard' 를 개발했다. '친환경적 상상력 상품 리뷰 점수표'란
시장의 다른 상품과 자사 제품의 환경에 대한 영향과 장점을 비교해
정량화한 것이다. 상품의 평가 점수를 독립적 정량적으로 분석하고
정확도를 보증하기 위해 외부 기관의 지원을 받았다. GE는 고객의
에너지 소비를 줄이기 위한 한 방안으로 조명 설비 개조를 권유한
후에, 이 계획을 GE의 전체 조직에 직접 적용했다. 이에 세계 각국에
산재한 148개의 산업 및 생산 시설의 조명 설비 개조를 위해 2년간의
계획을 수립했으며 이 계획은 조명 설비의 에너지 비용을 평균 약 50%
절감하는 데 기여할 것이다.

구성원> GE는 온실가스 감축을 위해 30만 직원이 참여하는 전사적인
커뮤니케이션 캠페인을 시작했다. GE는 이를 통해 장기적으로는 청정
기술과 환경 관리가 모든 직원에게 업무 분야의 하나로 인식되기를
바라고 있다.

상호협력> GE의 '친환경적 상상력 자문위원회'는 대중과의 서약을
강화해나가는 기반이 되는 것을 목표로 한다. 자문위원회는 에너지와
환경 분야 전문가인 6명에서 8명의 지식인으로 구성된다.

구상> GE는 재생에너지에서 수소에너지까지, 전구에서 비행기 엔진
및 가전기기까지 내일의 에너지 기술에 투자하고 있다. GE의 기술적인
구상은 풍력 터빈과 태양열 패널, 생물 연료의 효율적인 활용이 가능한
엔진, 하이브리드 발전 등으로 비용 효율이 높은 대안을 제공하는 분산된
에너지 생산 체계 구축 등이다.

도전> GE는 2012년까지 전사적으로 온실가스 배출량을 1% 감축할
목표를 세웠다. 온실가스의 자연 배출량이 상당히 증가할 것으로 보이는
기업의 성장 속도로 볼 때 분명 거대한 목표다.

전망> GE 연구자들은 10년 후를 바라보면서 유기적인 발광 다이오드
LED를 이용한 조명 설비를 사업화하기 위해 일하고 있다. LED를 가정과
사무실에 적용하는 전혀 색다른 방법이다. 친환경 구상에 대한 GE의
노력과 함께 일련의 설비를 적용함으로써 GE는 앞으로도 계속해서
지구적인 친환경 기술의 선도자로 자리매김할 것이다.

출처: www.ge.com

사무실 office

조직의 노력
team effort

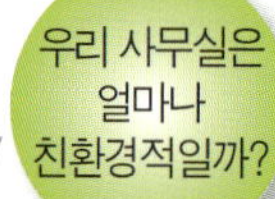

친환경 기업은 구성원 개개인의 참여에서 시작된다. 실천하는 개인이 없으면, 회사의 환경 정책은 성공할 수 없다. 반대의 경우도 마찬가지다. 팀 차원에서 접근하지 않으면 개개인의 역할도 한정된다. 환경이나 재정적 측면에서 모두 최적의 결과를 얻기 위해서는 좋은 의도를 공유하고 달성할 수 있도록 돕는 시스템이 필요하다. 모두 서약할 수 있는 관리 계획을 세워 친환경적인 기업 문화를 만드는 것을 독려하자. 모든 구성원의 책상이나 워크스테이션에 재활용 상자를 배치하는 것을 확실히 하는 등 재활용을 쉽게 할 수 있는 단순한 것부터 시작하면 된다. 에너지 보전, 폐기물 발생을 최소화하는 방법을 알려주는 브리핑, 광고물 등 여러 정보를 제공하자.

측정하고 관리하라

measure and manage

미국에서 배출되는 전체 온실가스의 45%가 상업 건물과 산업 시설에서 나온다. 산업 시설이 집중된 공장에서 조업을 할 때의 에너지 사용은 이해한다 치더라도 사무실 건물에서 배출되는 온실가스량은 턱없이 많다. 임대차 계약은 세입자가 에너지를 효율적으로 사용해도 경제적인 이익을 주지 않고 심하게는 사용량을 점검하지도 못하게 하는 경우가 종종 있다. 임대차 계약을 할 때 에너지와 물 소비량의 절약 정도에 따라 혜택을 받을 수 있도록 협상해야 한다. 건물에서 전기를 사용하다보면 불균형적인 첨두부하[1]가 발생하기 때문에 관리를 잘하면 비용적인 효과를 톡톡히 볼 수 있다. 첨두부하로 인한 전기 요금이 전체 전기 요금의 절반을 차지할 수도 있다.

1 : 역자 주- 첨두부하는 하루의 전력 사용 상황으로 보아 여러 가지 부하가 겹쳐져서 종합 수요기 커지는 시각의 부하를 말함

사무기기
office machines

에 너지 효율이 높은 사무기기는 비용과 탄소 배출량을 줄일 수 있고 열 발생량도 적다. 에어컨의 경우 탄소 배출량을 30%나 줄일 수 있다. 복사기와 프린터의 경우 에너지 대부분이 토너를 종이에 융해하는 부품을 가열하는 데 사용된다. 그래서 사용하지 않을 때 전원을 꺼두면 에너지 사용량을 줄일 수 있다. 회사에서는 에너지 스타를 준수하는 장비를 우선적으로 구매하도록 하자. 그리고 양면인쇄나 양면복사가 가능한 모델을 선택하자. 사무기기의 최대 탄소 배출원은 종이나 잉크와 같은 소모품에 내재된 에너지이기 때문이다.

컴퓨터

computers

단 위 무게를 기준으로 할 때, 차를 생산하는 것보다 컴퓨터를 생산하는 것이 환경에 더 나쁜 영향을 미친다. 도쿄 유엔대학교 UN University 의 연구에 따르면, 표준형 데스크톱 컴퓨터와 17인치 CRT 모니터를 생산하는 데는 2톤의 원자재가 필요하다. 이 2톤에는 최소한 240킬로그램의 화석연료, 22킬로그램의 화학물질, 그리고 약 1500리터의 물이 포함된다. 기기를 선택할 때 참고할 만한 것으로 그린전자협회의 전자제품 환경평가 도구 Green Electronic Council's Electronic Product Environmental Assessment Tool 가 있는데, 이 평가 도구는 원자재 사용 정도와 수명이 다한 제품을 회수하는 정책 유무를 기준으로 컴퓨터 회사를 평가한 것이다. 업그레이드나 수리를 통해 제품 수명을 연장할 수 있는 모델을 선택해 컴퓨터 교체의 필요성을 최소화하도록 하자.

사무용 종이
office paper

15

기술 발전에도 불구하고 종이 없는 사무실은 여전히 미래의 환상으로 남아 있다. 현재 미국의 노동자는 매년 1만 장 정도의 레터 letter 규격 종이를 사용하는데, 이것은 완전히 자란 나무 한 그루를 펄프로 만들어 생산할 수 있는 양에 해당한다. 이 종이 대부분이 자연림에서 생산되고 유독물인 다이옥신을 만들어내는 과정인 염소 표백 과정을 거친다. 재생용지는 목재에서 새 종이를 만드는 것보다 최대 90% 정도의 물과 50% 정도의 에너지가 절약된다. 하지만 미국에서 매년 사용되는 1200만 톤의 인쇄용지나 필기용지의 재생 비율은 10% 미만이다. 사무용 종이는 일반 용지와 재생용지의 차이가 거의 없고, 어떤 사무 기능에 써도 문제가 없는 재생용지가 생산되고 있다.

Photo: APL

카트리지

cartridges

16

복사기 잉크와 토너 카트리지를 재사용했을 경우의 위험성에 대한 무시무시한 경고는 순전히 제조 회사의 이익만을 보호해주는 것이다.

그 결과 환경에 유해한 1억 6700만 개 이상의 폐 카트리지가 매년 매립지에 폐기된다. 이것은 1만 8000톤의 불필요한 폐기물이다. 그러나 제품의 보증서 규정을 보면 네 번까지 재이용하지 못할 이유가 없다. 카트리지를 재사용하면 폐기물 발생량을 줄일 뿐 아니라 새로운 카트리지 구매 비용을 90%까지 낮출 수 있다. 상품의 사용에 따른 기기 장애나 작업 중단 시간이 없음을 문서로 보장하는 리필러나 재생품을 사용하자. 프린터나 복사기를 교체할 경우, 프린터 드럼의 수명이 길어 토너 재충전으로 운영이 가능한 제품을 구매하도록 하자.

가구 집기
furnishings

전통적인 사무용품들은 자원 집약적이고 접착제나 마감재에서 휘발성 유기화합물을 배출해 사무실의 공기를 오염시킬 수 있다. 당신 주변의 환경을 깨끗하게 하고 환경친화적인 가구와 바닥재를 선택해서 환경에 미치는 나쁜 영향을 줄여보자. 환경친화적인 가구나 자재는 재활용품으로 만들어졌거나 지속가능하도록 관리된 비독성 재료를 사용해 생산된다. 그렇게 디자인되었기 때문에 제품 수명이 다하면 재사용할 수 있다. 예를 들어 회수된 전동차, 오래된 전화기, 컴퓨터 본체의 케이스, 그리고 심지어 진공청소기로 만든 의자도 있다. 또는 중고 가구를 구매해서 새 가구를 만드는 데 필요한 자원을 절약하는 방안도 있다.

주방시설
kitchen facilities

사무실에 좋은 주방 시설을 갖추어놓으면 직원들이 음식을 집에서 가져와서 먹을 수 있는데, 보통 집에서 가져온 음식은 값싸고 건강에 좋으며 음식을 사오는 것보다 폐기물 발생량도 줄일 수 있다. 사무실의 주방에는 음식물 쓰레기와 같은 유기물 수거용기와 플라스틱, 유리, 알루미늄 용기 등의 분리수거함을 같이 설치해야 한다. 음식물 쓰레기는 매립하지 않고 현장에서 퇴비화할 수 있다. 일회용 종이, 플라스틱, 스티로폼 컵, 접시, 용기류를 사용하기보다는 내구성 있는 용품을 사용해 일회용 제품 사용에 따른 장기적 비용을 절감하자. 또는 재활용 플라스틱, 생분해가 가능한 죽재, 옥수수 전분이나 감자 전분을 원료로 한 바이오 플라스틱으로 만든 친환경용품을 사용하자. 사무실에 커피, 차, 코코아를 비치한다면 유기농 제품이나 공정무역 상호가 기재된 상품을 선택하는 것이 바람직하다.

티슈류
tissue paper
19

냅킨, 화장지, 키친타월 등은 사무실 폐기물의 1/3 정도를 차지한다. 티슈류는 천연 펄프로 만들어질 뿐만 아니라 다이옥신을 배출하는 생산 과정을 거쳐 표백된다. 재활용된 종이 또는 암바리삼이나 마 섬유와 같이 나무가 아닌 대체재로 생산한 상품을 선택하자. 기술 발달로 재생 제품도 신규 소재로 만든 상품과 비슷하게 튼튼하고, 부드럽고, 흡수력이 강하고, 심지어 심미적인 만족감까지 준다.

물에 빨아서 쓸 수 있는 롤 타월은 종이 타월보다 가격도 저렴하고 폐기물 발생량도 적다. 에너지 비용이 증가하고 보건 문제에 대한 논란이 있기는 하나 손 건조기도 대안 중 하나다.

세제
cleaning agents

실내 환경을 깨끗하게 하기 위한 상품이나 과정 그 자체가 실내 오염의 원인이 될 수도 있다. 마루, 표면, 배관을 청소하는 많은 일상적인 상품에 인체 건강과 환경에 해를 끼치는 농도의 독성 물질이 함유되어 있다는 다수의 연구 보고 결과가 있다. 이런 물질은 두통, 현기증, 피로를 유발하고 눈, 코, 목을 자극하고, 하수도에 버려질 경우 장기적으로는 지표수와 지하수의 오염, 동식물 체내의 생물 축적 등 환경문제를 유발할 수 있다. 깨끗하고 친환경적인 상품을 사용하고, 이를 준수하는 청소업체를 선택하도록 하자.

〈 우리는 우리 상품을 재사용하고 재활용하는 서비스를 제공하며 성장해왔다 〉

비시 VISY 는 상자 제조업체로 시작해서 세계 최대의 민간 포장업체 및 재활용업체로 성장했다.
비시의 연 매출액은 26억 달러가 넘으며, 직원 수도 5000명 이상이다. 비시는 160만 톤 이상의 재생 가능한 물질을 수거한다.
다음은 비시그룹의 홍보 담당 매니저인 토니 그레이 Tony Gray와 인터뷰한 내용이다.

착상> 재활용 분야에 대한 투자는 우리 사업 분야를 특화시키고 시장에서 유리한 고지를 점유하는 데 도움이 되었다. 이 분야의 시장에서는 공급자 측면에서 상품에 대한 책임과 폐기물의 양을 저감시키는 등의 현안이 논의되고 있으며 이는 환경적으로 바람직한 것이기에 의미가 있다.

성과> 회사 상품에 대한 재사용과 재활용 해결책을 시행하기 위해 '지속가능 서비스' 부문을 신설했다. 호주에 있는 70명 이상의 직원이 이 부문에 소속되어 있고 인원을 충원해 고객에게 더 다양한 대안을 제공하고 있다.

관리> 기업의 관습과 타성에서 벗어나기 위해 모든 직원이 가치관과 우리의 고귀한 목적 – 지속가능한 선택을 할 수 있도록 사람들을 돕는 것 – 을 채택했다. 지속가능경영에 대한 실천 결과를 찾아내고 또 좀 더 깊이 생각하면서, 직원 모두 지속가능경영의 목적을 기꺼이 받아들였다.

구성원> 지속가능경영 원리를 기업 경영의 기초로 삼고 있으며 사업 전반에도 명시해놓았다. 조사 결과 구성원들도 우리의 지속가능경영 목표를 지향하는 것으로 나타났다.

공급자> 구매 파트는 지속가능경영 목표에 따라 원료 공급자가 좀 더 효율적인 상품과 서비스를 제공할 수 있도록 하고 있다. 이러한 노력으로 더 나은 경제적 효과도 거둘 수 있었다.

정부> 지속가능경영을 추진하는 기업에 대한 정부의 지원이 다소 늦은 감은 있지만, 이제 점차적으로 기업에 대한 지원의 필요성을 인지하기 시작했고 또 정책 전환을 시작하고 있다.

비용> 새롭고 향상된 서비스를 제공하면서 기업을 육성해왔다.

혜택> 전통적인 생산 지역에서는 자원을 더욱 효율적으로 사용하고 있으며 폐기물 발생량도 적다. 이러한 활동들은 곧 재무 상태에 직접적인 영향을 미치는 원가 절감을 의미한다. 우리는 이를 통해 늘 배우고 있다.

구상> 구성원들에게 지속가능경영의 목표에 대해 조사한 결과, 지속가능한 방향으로 사업을 진행하는 과정에서 극복해야 할 도전뿐만 아니라 다수의 훌륭한 제안도 도출되었다.

도움말> 1〉 당신의 영향 범위를 고려해 사업 분야에 합당하게 미래에 대한 비전과 목표를 설정하라. 2〉 그 비전과 목표가 기업 운영의 모든 분야에 확실하게 관철되도록 하라. 3〉 직원, 고객, 기타 이해 당사자들에게 목표와 성취 정도를 알려라.

건물 building

친환경 건물

star quality

친환경 건물은 효율성이 높은 건물이다. 자연의 효율성에서 영감을 받아 저에너지 기술을 최대한 활용해, 건물이 환경에 미치는 광범위한 영향을 줄이면서 쾌적한 실내 환경을 창출한다. 기업들은 친환경 건물의 장점으로 에너지의 효율적 활용, 물 사용량과 폐기물 발생량의 감소에 따른 비용 절감, 그리고 직원들이 건강하고 행복해짐에 따라 생산성이 향상된다는 점을 꼽는다. 사용자의 건강은 건물의 탄소 배출량만큼이나 친환경 건물을 평가하는 중요한 항목이다. 미국 그린빌딩협의회의 친환경 건물 평가 기준인 LEED Leadership in Energy and Environment Design의 상업적 사무실 디자인, 건축, 리모델링에 대한 평가 방법 등은 www.usgbc.org에서 자세히 볼 수 있다.

처음부터 친환경 건물로

green from go

친환경적인 업무 환경 디자인은 건물의 구조, 시스템, 외부 환경과의 상호작용을 고려해 건물을 전체적인 관점에서 접근하는 효과적인 관리법에서 시작된다. 종합적인 계획과 접목되면 단순한 방법으로도 에너지 절감 효과를 상당히 많이 볼 수 있다. 예를 들어 조명을 조절하는 센서는 열의 발생과 냉방의 필요성도 동시에 줄여준다. 일례로 시카고의 친환경기술센터 City of Chicago's Center for Green Technology 는 미국 그린빌딩건물협의회의 친환경 건물 인증 중 최상위 등급인 LEED platinum 인증을 받은 건물 중 하나다. 온실효과와 폐기물 관리에 관한 종합적인 계획은 물론이고, 지붕에 설치된 태양열 집광판, 관개를 위한 빗물 수집 시스템, 재활용 건축자재, 옥상 조경 등이 계획되어 있다.

입지 조건이 중요하다
location, location, location

23

건물을 새로 짓거나 개보수할 경우, 건축자재나 설비에 포함된 에너지를 비롯해 조명, 환기, 냉방, 기타 시스템을 운영하는 모든 과정에서 탄소가 배출된다. 이와 더불어 우리가 사무실에 들어서기까지 이동하는 모든 과정에서도 탄소가 배출된다. 이동에 따른 이산화탄소 배출량은 매년 노동자 1인당 평균 2.2톤으로 추정된다. 그래서 공공 교통수단이나 대안적인 교통수단을 이용할 수 있게 건물을 설계해야 한다. LEED platinum 인증을 받은, 로스엔젤레스에 있는 도서관 The Lake View Terrace Library은 자전거 이용자나 보행자가 안전하게 접근하게끔 자전거 보관소가 마련되어 있으며 대중교통으로도 편하게 접근할 수 있다. 더구나 이 도서관은 전기 차량 충전 시설도 구비하고 있다.

숨 쉬는 공간
breathing space

24

환기 시설은 상업용 건물에서 나오는 온실가스 배출량의 20% 이상을 차지하고 있다. 그 이유는 인공적 환기 장치에 의존하는 건물은 건물 내부를 외부와 차단하고 공기를 밀어내는 장비를 사용해 에너지 효율성을 달성하기 때문이다. 그러다보니 실내 공기 질이 외부보다 몇 배나 나빠져서 어지러움, 구토, 피로감을 유발하는 이른바 '새 건물 증후군 sick building syndrome'으로 알려진 건강상의 문제가 발생할 수 있음을 보여주는 연구 결과들이 발표되고 있다. 친환경 건물은 온도 조절을 위해 자연 통풍 장치를 사용하는 건강한 건물이다. 친환경 건물의 좋은 사례로 워싱턴 D.C.에 있는 시드웰 중학교 Sidwell Friends Middle School를 들 수 있다. 이 건물은 개폐가 가능한 유리창, 천장의 채광창, 실링팬 등을 통해 인공 냉방의 필요성을 최소화하고 학생과 교사에게 편안함을 제공한다.

친환경 흐름에 동참
going with the flow

친환경 건물은 에너지 집약적인 냉난방 시설을 가동하지 않고도 편안하고 쾌적한 내부 환경을 만들어낸다. 에너지 집약적인 냉난방 시설은 상업 시설에서 온실가스 배출량의 40% 이상을 차지한다. 이 중 몇몇 기술은 건물 방향과 유리창의 배치에서부터 반사벽과 축열체 사용에 이르기까지 건축 기술만큼이나 그 역사가 오래됐고, 수동 냉각 빔과 같이 최근에 개발된 기술도 있다. 수동 냉각 빔은 수냉된 튜브나 판이 열을 흡수한 뒤 냉각탑이나 열 발산 굴뚝을 통해 열을 분산시키는 장치다. 냉각 빔은 1960년대에 처음 사용되었으나 이 기술이 보편화되기까지 수십 년이 걸렸다. 포틀랜드에 있는 건강과 치유를 위한 오레곤 대학 건강과학센터 Oregon Health and Science University's Center for Health and Healing와 같은 사업 덕분에 이 기술은 현재 일반적으로 사용되고 있다. 이 건물은 냉방을 보완하기 위해 복사 냉각 빔을 사용한 미국 최초의 대형 건물이다.

조망
landscape views

주 변의 경관을 이용하거나 식물을 식재해 동식물군의 서식처를 만드는 것은 친환경 건물의 외관을 더욱 보기 좋게 만들고 환경 관리 측면에서도 이득을 준다. 북부 캐롤라이나 주 스테이츠빌에 위치한 샛강 초등학교 Third Creek Elementary School에서는 자연 습지를 활용해 빗물이 하천에 도달하기 전에 빗물을 여과시키고 유출이 덜 되도록 하고 있다. 이 습지는 학생들에게 야외 교실이자 살아 있는 체험 학습장이 되기도 한다. 뉴욕의 고층 빌딩에서부터 시애틀 도서관의 지붕에 이르기까지 식물이 자라는 '친환경' 지붕이 조성되고 있다. 친환경 지붕은 단열재의 기능도 하고 빗물의 유출을 조절하는 데 도움이 된다. 옥상 정원을 조성하려면 많은 비용이 들기는 하지만 보통 지붕보다 내구성이 우수하다.

친환경 건축의 현재
generation now

27

친환경 건물은 필요한 에너지를 자체적으로 조달한다. 미국 및 해외에서 태양전지로 전기를 직접 생산하는 방법이 늘고는 있지만, 태양열을 이용해 물을 가열하는 것처럼 단순한 방법도 있다. 호주 멜버른의 CH2 사업이 호주 그린빌딩협의회로부터 별 6개의 높은 평가를 받은 데에는 통합된 풍력발전용 터빈과 광전지 격자판이 도움이 되었다. 멜버른 시청이 입주할 10층 건물이 배출하는 온실가스량은 기존 건물보다 87%나 감소될 것이며, 전기 및 가스 사용량도 1/7 정도로 줄어들 것으로 기대되고 있다. 사업 예산 3400만 달러 중 950만 달러가 지속가능성 부문에 투자되고 있으나, 10년 후면 투자 비용을 회수할 수 있을 것으로 예상된다.

CH2 Melbourne

28 흘러가버리는 자원-물
liquid assets

물부족에 대한 우려가 점점 커지면서 앞으로 수자원에 대한 기업의 비용 부담 또한 상당히 커질 것으로 보인다. 비용 측면에서 효과적인 방법으로는 유량을 조절하는 수도꼭지, 물을 사용하지 않는 소변기(이것은 표준 소변기보다 더 위생적이다), 수량 조절 양변기와 같은 수자원 보전 시설이나 배관이 있다. 이 외에도 경관을 조성할 때 그 지방 고유의 내건성이 있는 식물을 심는다거나 싱크대, 세면대, 화장실에서 배출된 물을 재사용하는 관개, 빗물 모으기, 기타 빗물 유출을 관리하기 위한 물 집수 장치가 있다. 조지아 리티아 스프링에 위치한 주립공원 방문자 센터 The Sweetwater Creek State Park Visitor Center에서는 퇴비화 화장실, 물을 사용하지 않는 소변기, 빗물 모으기 및 재이용 계획을 통합해 물 사용량을 77%나 절감했다.

재활용을 통한 자재 절감

material gains

건물의 사용 연한을 40년으로 볼 때, 건축자재에서 나오는 온실가스 배출량은 40년간 건물을 유지 관리하는 데서 발생하는 온실가스 배출량의 1/8 정도이지만, 그 양이 점차 증가하고 있다. 그 원인은 건설 과정에서 스테인리스 철물이나 코팅 피막 처리된 강화유리와 같이 에너지 집약적인 자재 사용이 증가하고, 건물의 크기가 점차 대형화하고 리모델링 빈도도 점차 높아지고 있으며, 건축 방법이 기계 집약적으로 변하는 데 있다. 친환경 건물은 재활용 자재를 사용해 지어지고 건축에 사용된 자재 또한 다시 재활용한다. 샌타바버라에 위치한 캘리포니아 주립대학의 브렌홀 Santa Barbara's Bren Hall은 주차장이나 캠퍼스 다른 지역에서 발생한 건축 폐기물을 100% 재활용해 지어졌다. 심지어 이전 주차장의 조경과 토양도 재활용했으며, 건설업자 역시 건축 폐기물의 93% 이상을 재활용했다.

보이는 곳에 마음도 간다
in sight, in mind

아무리 잘 설계된 친환경 건물도 사용자가 사용하기 나름이다. 오레곤 주 포틀랜드에 위치한 장볼룸 자연자산센터 Oregon's Jean Vollum Natural Capital Center 는 지속가능한 삼림 및 어업, 친환경 건물, 금융 투자를 테마로 해서 여러 비영리기관 및 기업을 임차인으로 모집했다. 이 센터 안에는 전시, 이벤트, 자연스러운 상호작용을 위한 넓은 대중 공간이 있어 사람들의 호기심을 자아내고 있다. 벽감[2]은 친환경 소재의 활용을 독려하는 전시 등 교육적인 전시 공간으로 활용되고 있다. 전시물은 2~3개월 마다 바뀌며 방문객들에게 친환경 건물, 빗물 관리, 지속가능한 삼림, 그리고 여러 다른 주제에 대한 정보를 제공한다.

2 : 역자 주 - 벽감은 벽에 우묵하게 파놓은 부분으로, 원래의 건물에서 얻은 목재, 코르크, 파이프 등을 활용해 만든 전시 공간을 말한다.

〈 승리란 단지 성취나 성공만을 의미하는 것이 아니다. 승리는 올바른 것 – 지구를 위한, 인간을 위한 그리고 다음 세대를 위한 정의 – 을 수행하는 것이다 〉

사무엘 커티스 존슨 Samuel Curtis Johnson 이 1886년에 설립한 SC 존슨 SC Johnson 은 나무마루 바닥재 회사로 시작됐다. 현재는 세계적인 가정용품 기업이 되었고, 세탁용 상품과 집안의 수납 가구, 공기 관리, 개인 용품, 방역 상품 부문에서 세계적인 선도 기업 중 하나가 되었다. 소비자의 생활을 한결 깨끗하고 편리하며 건강하게 하기 위한 노력뿐만 아니라, 사업 운영이나 상품의 친환경성을 향상 시킴으로써 더욱 깨끗하고 친환경적인 미래를 만들려 애쓰고 있다.

착상> SC 존슨은 기업의 사회적 책임감을 깊이 인식해 화석연료 사용량을 줄이고 온실가스 배출량을 제한하는 한편, 상품에서 발생하는 대기오염 물질, 수질오염 물질, 폐기물의 발생을 줄이고 있다

성과> 혁신적인 그린리스트 Greenlist 공정을 통해 모든 상품의 생산 원료가 환경에 미치는 영향에 대해 검토하고 있다. 평가지표는 0~3점까지다. 원료에 대한 평가지표 3점은 최상을, 2점은 상당히 좋음을, 1점은 수용 가능함을 의미한다. 평가지표 0점인 원료는 제한적으로 승인된 경우에만 사용하고 있다. 생산 시설에서 염소를 함유한 외부 포장재를 100% 없앴다. 몇몇 우수한 생산 시설에서는 2000년부터 온실가스 배출량을 매년 5%씩 줄이는 혁신적인 접근 방법을 채택해왔으며 석유나 석탄, 천연가스와 같은 화석연료 에너지의 경우 10% 감축에 성공했다.

구성원> 생산 라인에서부터 회장이나 경영자의 사무실에 이르기까지, 모든 직급의 직원이 사업, 커뮤니티, 상품, 지구의 지속가능성에 기여할 수 있고 또 영향을 미치는 것으로 인식하고 있다.

공급자> 그린리스트 공정은 기업 내부적인 선택뿐 아니라 공급망 측면에서도 더 나은 선택을 할 수 있도록 돕는다. 즉, 환경적 책무를 인식하고 이를 지켜나가는 공급자에게는 그에 대한 혜택을 주고 있다.

정부> 협력의 힘을 인식하고, 2005년에 미국 환경보호국 US EPA과 '환경을 위한 디자인'을 제휴한 주요 소비자 포장상품 부문의 첫 번째 기업이 되었다. 캐나다 환경청 Environment Canada, 중국 환경보호국 China EPA, 산업연합, 대학교, 기업 등과도 우리의 그린리스트를 공유하고 있다.

구상> 다른 회사들의 지속가능경영 추진을 돕고 있다. 환경 영향 감축 목표를 세우고 추적하고 기록하는 것을 선언한 기업에 대해 그린리스트 특허를 무료로 사용하게 하는 것을 그 예로 들 수 있다.

도전> 전반적인 상품에 대해 그린리스트 평가표를 개선해나가고는 있지만, 여전히 상품 원료를 좀 더 새롭고 친환경적인 원료로 대체해나가야 하는 개선의 여지는 있다.

미래의 전망> 웹사이트 www.dowhatsright.com을 통해 전문성을 계속 공유해나갈 것을 계획하고 있으며, 다른 조직의 귀감이 되고자 한다. 이 웹사이트는 기업의 가치를 높이고 공동의 선에 공헌할 수 있도록 알려준다.

출처: www.scjohnson.com

문화 culture

최고환경책임자
the new CEO

31

친환경 산업은 환경 성과를 기업 문화의 중심에 두고, 회사의 가치나 사업 목적, 성과 평가 수단, 관리 구조를 수렴하는 것을 의미한다. 환경에 대한 목표를 회사 전략의 핵심으로 설정하지 않으면, 재정 전문가와 기술 전문가의 의사 결정을 보조하는 구실로 끝나버릴 수 있다. 선도적인 회사에서는 환경 분야의 최고책임자인 CEO chief environmental officer 를 임명해서 이러한 문제에 대처한다.

이 경우 최고환경책임자의 권한은 최고재무관리자 CFO, 최고운영책임자 COO, 최고정보관리책임자 CIO의 권한에 버금간다. 회사의 규모와 상관없이 환경 지도자를 두는 것이 기업에 이득이 된다. 중요한 것은 친환경 업무를 담당하는 관료를 만들자는 것이 아니라 시행 분야에 대한 초점을 명확하게 해 지속가능성이 사업 전략에 필수적이라는 것을 구성원들에게 주지시키는 것이다.

친환경에 대한 보상
green rewards

소비자와 투자자들이 기업의 환경적, 사회적 성과에 대한 정보를 요구하는 경우가 늘어나고는 있으나, 친환경적인 기업 문화 형성에 가장 중요한 사람은 직원이다. 아직도 보상이나 보너스 계획은 분기별 주가나 이윤 목표와 같은 단기간의 성취도에 근거하는 경향이 있다. 대부분의 관리 전문가들은 이런 전통적인 재정 정책이 장기적인 번영을 가져오지 않으며, 오히려 지속가능경영을 실천함으로써 얻을 혜택을 인지하는 데 장애 요인이 될 수 있다는 것에 공감하고 있다. 계산대에서 중역 회의실에 이르기까지 봉급, 상여금, 기타 보상금 체계를 장기적인 환경적·사회적·조직적 목표 달성과 연계시키는 문화를 조성해야 한다.

33

더 좋은 옷
better suited

근무 복장, 특히 전통적인 비즈니스맨의 유니폼인 긴팔 셔츠와 넥타이, 재킷은 더운 지역과 여러 지역의 여름 기후에는 잘 맞지 않는다. 전형적인 차림새로 쾌적함을 느끼려면 사무실뿐 아니라 상점과 음식점 등에서도 냉방이 필요하다. 금요일은 평상복 출근일로 정하는 것에서 시작해서, 기후 상태에 따른 옷 – 예를 들어 반팔에 오픈넥 셔츠 – 착용을 허용하는 정책을 채택해 희망 냉방 온도를 약간 높게 설정해야 한다. 이렇게 하면 냉방비의 20%까지 절약할 수 있다. 옷장을 제공해서 필요할 경우에 직원들이 정장을 보관할 수 있도록 하자.

유니폼 선택
uniform action

직장에서 유니폼을 착용할 경우, 편안한 소재와 친환경적인 제조 회사를 선택하자. 화석연료로 만든 인조섬유는 생분해가 되지 않는다. 나일론은 질산화물을 생성하는데 질산화물은 활성이 이산화탄소보다 300배나 높은 온실가스이며, 폴리에스테르를 만드는 데는 많은 양의 물이 소모된다. 레이온은 유해 화학물질로 처리된 목재 펄프에서 생산된다. 천연섬유도 문제가 없는 것은 아니다. 면화는 세계에서 가장 화학물질 집약적인 작물로, 제초제·살충제·살균제를 10회에서 18회 정도 살포해 면 450그램당 거의 1만 3000리터의 물을 필요로 한다. 양모 450그램을 생산하는 데는 7만 5000리터 이상의 물이 사용된다. 게다가 사육하는 양은 자연적 서식지를 파괴하고 메탄가스를 배출한다. 화학물질이 없고 유기농법으로 생산된 면, 양모, 대마가 최선의 선택이다.

근무시간 자유선택제
flextime

텍사스 교통 연구소 The Texas Transportation 에서는 미국인 운전자가 출퇴근 러시아워 때의 교통 체증으로 매년 227억 리터의 연료를 낭비하는 것으로 추산하고 있다. 출퇴근하는 사람들은 교통 체증으로 매년 거의 8일간을 소비할 뿐만 아니라, 매년 약 6000만 톤의 온실가스를 추가로 배출하는 셈이다. 배출가스에는 온실가스뿐만 아니라 일산화탄소, 휘발성유기화합물, 미세 먼지와 같은 유해한 오염물질이 포함되어 있다. 근무시간 자유선택제를 활용하면 시간을 절약할 수 있을 뿐만 아니라, 교통 체증과 유해 물질의 배출량도 줄이는 데 도움이 된다. 근무시간 자유선택제는 보행자, 운전자, 대중교통 이용자에게도 도움이 된다. 직원들이 교통 체증에서 해방되어 출퇴근에 대한 스트레스가 경감되면 기업에도 이득이 된다.

재택근무
telecommute

36

재택근무를 하면 회사에서 소모하는 에너지량과 출퇴근 비용을 절감할 수 있는데, 이 비용은 집에서 근무하는 데 드는 것보다 많다. 정부에서는 대기오염에 대처하기 위해 컴퓨터를 이용한 재택근무를 장려하고 있다. 연구에 따르면 단 4%의 교통량만 조정해도 교통 흐름이 원활해지는 것으로 나타났다. 근무시간 자유선택제와 같이, 모든 사람이 컴퓨터를 이용한 재택근무를 할 수 있는 것은 아니지만 아마 지금보다는 많이 활용할 수 있을 것이다. 부동산 비용 절감만으로도 상당한 비용 절감 효과가 있다. 이를 위해서는 출근을 중요시하는 문화에서 성과를 근거로 하는 문화로 전환해야 한다. 성과를 근거로 하는 문화란, 그 일을 하는 데 들인 시간보다는 수행한 성과를 근거로 직원을 평가하는 것을 말한다.

탁월한 선택
super choice

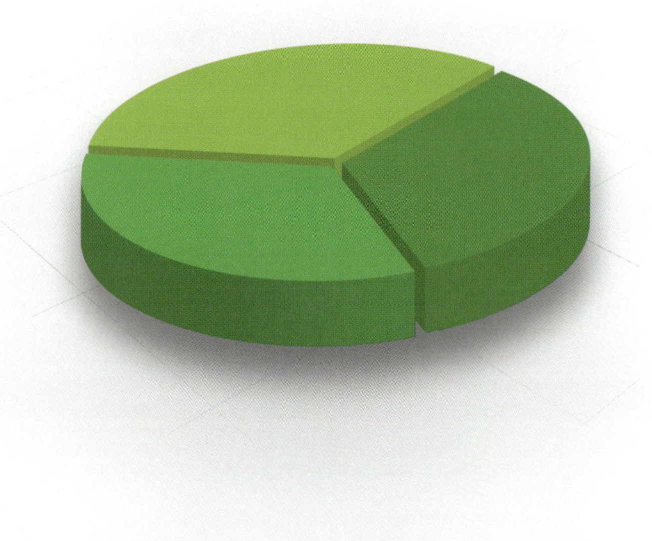

사회적 책임이 따르는 도덕적인 투자는 문제의 요소가 있는 분야에서 투자금을 회수해 좀 더 생산적이고 친환경적인 분야에 투자하도록 함으로써 기업이 지속가능하도록 돕는 강력한 추진 동력이다. 지속가능한 사업 투자에 힘을 싣는 것과 동시에 직원들이 자식 세대에게 부담을 주지 않도록 노후 대책을 준비하는 연금 투자 선택도 쉽게 해야 한다. 현재의 금융 환경은 사회적으로 책임감 있는 투자를 현명한 투자로 인식하고 있다. 그에 따라 윤리적 펀드는 일반적인 펀드와 거의 맞먹거나 오히려 이를 능가하는 기대 수준으로 목표가 설정되고 있다. 다양한 투자 전략을 포함해 산업 상호기금과 투자 전문가에 의한 상품 등 다양한 금융 상품이 있다. 상세한 정보는 사회투자포럼 홈페이지 www.socialinvest.org에서 자세하게 제공하고 있다.

급여 체계
salary packaging

Photo: courtesy of the Australian Greenhouse Office,
Department of the Environment and Heritage

차량 지원을 급여에 포함하는 기업이 많다. 물론 급여가 많을수록 차도 커진다. 하지만 연료비, 보험료, 주차료 등 차량 유지비를 지원하는 것은 직원들에게 친환경적인 교통수단 대신 승용차를 운전하라고 장려하는 것과 마찬가지다. 차량 유지비는 지원하면서 왜 바람직한 행위를 하는 사람들은 비용을 스스로 부담해야 하는 것일까? 도보 출근자, 대중교통 이용자, 자전거 이용자들에게도 그에 상응하는 경제적인 인센티브를 제공해 공평한 급여 체계가 되도록 노력해야 한다. 그러면 회사는 주차 공간을 줄일 수 있을 뿐 아니라, 회사에 더 잘 적응하고 건강하며 효율적으로 일하는 직원을 확보할 수 있다.

39

대중교통을 권장하자
promote public transport

목적지까지 가기 위해 버스나 기차, 지하철과 같은 대중교통수단을 이용할 수 있는지를 생각하기보다는 그저 편하다는 이유만으로 우리는 얼마나 자주 택시를 이용하는가? 주차에 소요되는 시간 등을 고려한다면, 대중교통은 저렴하고 승용차로 가는 것만큼이나 목적지에 빨리 도착하게 해준다. 직원들에게 가능하면 대중교통을 이용할 것을 권장하라. 그리고 사무실이나 사내 전산망에 지도와 배차 시간표 등의 정보를 제공해 대중교통을 편리하게 이용하도록 돕자. 직원들이 택시 승차 인원에 맞춰 저렴하게 택시를 이용하려고 애쓰기보다는 대중교통을 쉽게 사용할 수 있도록 대중교통 승차권을 대량 구매해 직원들을 독려하자. 또는 무이자 할부 정기 승차권을 도입해 출퇴근할 때 대중교통을 더 많이 이용하도록 권장하자.

40

승용차 같이 타기
pool resources

운 행 중인 차량의 75%는 운전자 혼자 승차한다. 승용차 같이 타기를 장려하는 것은 출퇴근할 때 발생하는 탄소 배출량을 줄이는 확실한 방법이다. 유류 비용을 분담해서 직원은 돈을 아끼고, 회사는 주차 공간을 절약할 수 있다. 승용차 같이 타기를 개인들 간의 비공식적인 약속으로 두지 말고, 기업 문화의 한 부분으로 정착시키도록 하자. 승차지나 연락처와 같은 정보를 구축해서 다른 분야에서 일하는 직원끼리도, 그리고 이웃 회사의 직원과도 서로 연락할 수 있도록 하자. 승용차 같이 타기 동참자에 대해서는 주차장 우선 사용권과 같은 혜택을 제공하고, 퇴근 시에도 운송수단을 보장해 교통수단 없이 꼼짝 못하게 될지도 모른다는 염려로 승용차 같이 타기를 주저하지 않도록 돕자. 경험에 비추어볼 때, 승용차 같이 타기를 시행하는 데 드는 비용은 그 이점에 비하면 아무것도 아니다.

〈 지역 공헌에 생명을 불어넣는 것은 직원들의 창의력과 열정이다 〉

매리어트 MARRIOTT 는 전 세계 68개국에서 2800개 이상의 호텔을 운영하고 있다. 직원 수는 15만 1000명, 연간 매출액은 104억 달러에 달한다. 2010년까지 객실별로 온실가스 발생량을 6% 감축하겠다는 공약을 함으로써 2006년 매리어트는 미국 환경보호국 US EPA 의 기후대응 리더로 위촉받았다. 다음은 지역조정담당 분야 상무이사인 **매리 스나이더** Mari Snyder 와 인터뷰한 내용이다.

착상> 지역 공헌 활동을 시작하게 된 데에는 창립자인 J. 윌라드 J.willard 와 앨리스 매리어트 Alice S.Marriott를 비롯해 많은 요인이 있다. 1980년 초반 에너지 가격이 상승했을 때 에너지 보전 프로그램을 만든 것에서 우리의 노력이 시작되었다.

성과> 1994년에 만든 '친환경 양심 본부 Environmentally Conscious Hospitality Operation'와 1999년에 만든 '지역 공동체 봉사활동 Spirit To Serve Our Communities'을 통해 지속가능경영에 대한 우리의 약속을 공식화하고, 가장 중요한 현안을 전달하며, 지역 조직들이 지속가능경영에 동참하는 데 도움이 되는 지침서를 제공하고 있다. 우리 회사는 중역진으로 구성된 위원회가 환경 관련 문제를 총괄한다.

관리> 이 두 가지 프로그램은 기업 문화와 연계되었고 사업적 측면에서도 도움이 된다.

구성원> 이 프로그램들은 직원을 포함해 중요한 이해 당사자로부터 대단히 긍정적인 반응을 얻었다. 그 결과 환경 성과 향상을 돕기 위해 많은 시간과 노력을 투자할 수 있었다.

공급자> 지속가능경영을 향한 우리의 다음 목표는 원료 공급자망에 대해 좀 더 체계적으로 검토하는 것이다.

정부> 해당 국가의 정부가 비협조적이거나 납득할 수 있는 지침서가 없는 경우에는 회사 내의 자체적인 국제 기준에 따라 일하고 있다.

비용> 에너지와 수자원의 보전은 우리의 주요한 자원 이용 분야 가운데 하나로 비용 절감이 가능하다. 사회와 환경에 대한 실천은 우리 안에서 자발적으로 이루어졌고 발전되어왔다. 항상 자원 보전에 초점을 맞추었고, 친절과 봉사 정신이라는 문화적 전통을 지켜왔다.

혜택> 지침서와 자원은 전 세계에 제공되지만, 지역의 사회적·환경적 책무에 생명을 불어넣은 것은 직원들의 창의성과 열정이다. 과거에도 환경 책임과 지역 공동체에 대한 약속이 장려되었지만 의무는 아니었다. 하지만 지금은 더는 그렇지 않다. 환경 성과는 사업상 필수적인 것이 되었다.

책무> 우리 회사에는 에너지 및 물 절약 프로그램이 있다. 예를 들어 시트나 수건을 고객이 재사용하는 것을 장려하는 시트 재사용 프로그램으로 용수량, 세제량, 가열을 위한 에너지 비용을 절감할 수 있었다. LED와 광섬유 기술을 이용해 4500개의 외부 간판을 교체함으로써 전기 사용량을 40% 절감했고, 새로운 샤워꼭지로 교체해 객실의 온수 사용량을 10% 줄였다.

도전> 변화는 언제나 점진적으로 일어난다. 먼저 인식을 해야 하고, 시행해야 하며, 진행 상황을 꼼꼼히 살펴보아야 한다. 변화의 과정에서 제기된 문제점들은 벤치마킹 등을 통해 좋은 사례를 공유함으로써 신속하게 규명하고 보정할 수 있었다.

도움말> 1) 환경적·사회적 현안에 대한 이해 관련자들의 이익이 고려되도록 사업 운영 방식을 채택하라. 2) '성공이 최종 목표가 아니다' 라는 철학을 가져라. 3) 가장 크게 영향을 미칠 수 있는 분야에 집중하라.

이해관계자 stakeholders

공급업자
suppliers

사업의 성공은 직원, 고객, 공급자, 계약 당사자, 규정을 만드는 사람, 로비스트 등 많은 이해관계자에게 달려 있다. 사업을 일련의 연결고리라기보다는 미세한 균형을 필요로 하는 그물로 생각해보자. 예를 들어서 원료 공급자를 생각해보자. 환경적인 노력을 통해 고객을 창출하고 유지하기를 바라는 것과 마찬가지로, 회사의 구매력은 당신이 구매하는 물품의 사업 분야 네트워크에 영향을 준다. 친환경 경영에 대한 열정에 공감하고 지지하는 공급자로 바꿀 수도 있지만, 그러한 변화가 항상 가능한 것은 아니고 또 바람직하지도 않다. 환경친화적이지 않은 공급자를 설득해서 지속가능경영의 길로 이끌 수 있는 설득과 교육의 기회도 얼마든지 있다.

직원
employees

생태계가 그러하듯이, 기업도 생존하고 번창하려면 학습하고 적응하는 능력이 필요하다. 고객 제안에 대한 반응의 중요성은 말할 것도 없지만 기타 이해 관계자의 의견을 경청하는 것도 이에 못지 않게 중요하다. 그렇게 하면, 직원들은 간단하고 쉽게 시행할 수 있는 변화를 큰 발전으로 만드는 지식의 보고를 접하게 될 것이다. 의견 개진함을 설치하고, 포괄적인 전략 수립에 기여하거나 채택하는 '품질 관리 서클 Quality Circles', 즉 품질의 관리와 향상을 위해 의견을 나누는 직원 그룹을 만들어보자.

1960년대에 일본에서 시작된 품질 관리 서클 Quality Circles은 전 세계적으로 기업의 품질 향상, 원가 절감, 구성원에 대한 동기 부여에 큰 영향을 미치고 있다.

43

연례 보고서, 회장의 발표문, 모임 공지문, 위임장 양식, 보유 선언서, 배당금 감정 내용을 모두 인쇄하고 나누어주는 데 필요한 자원과 에너지를 포함해, 주주와 소통하려면 매우 많은 문서가 필요하다. 가능한 한 인쇄물로 통지하는 것을 인터넷으로 전환하도록 하자. 인쇄가 반드시 필요하다면 양면으로 인쇄하고 그린프린트 Green Print 와 같은 소프트웨어를 사용하도록 하자. 그린프린트는 인쇄물에서 허비되는 지면을 자동으로 없애고 폐기물 발생량을 줄인다. 또한 이를 통해 당신이 지킨 나무의 수와 온실가스 발생 감축량을 알려준다.

고객
customers

점 점 더 많은 소비자가 온라인 신문에서 음악과 영화까지 디지털 세계에 젖어들고 있다. 효율적인 전자 거래, 배달, 행정 시스템에 투자하면 고객에게 편리함과 빠른 속도의 서비스를 제공함은 물론이고 자원·운송수단·상점의 필요성이 줄어든다는 분명한 장점이 있다. 그러나 환경적 이익을 극대화하려면 올바른 계획과 관리가 따라야 한다. 예를 들어 주문한 상품이 멀리 떨어진 물류점에서 배달된다면, 전자쇼핑은 운송으로 인한 탄소 배출량을 줄이는 데 별로 기여하지 않기 때문이다.

지역협력
community partnership
45

공동체의 이익을 염두에 두고 기업을 운영하면 기업 이미지 제고, 고객 충성도 향상, 윤리 의식 고취, 우수한 인력 채용 등 분명한 혜택을 누릴 수 있다. 공동체의 이익을 고려하는 것은 큰돈이 드는 일이 아니다. 비전이 있는 기업과 사회 공동체는 상호교환에 근거한 좀 더 의미 있는 협력을 원하고 있다. 회사에는 경영 전략을 가다듬고 자원 활용도를 높이는 수준 높은 전문가들이 있고, 공동체 그룹은 목표에 초점을 맞춰 해야 할 것들과 이해관계자들과 일하는 방법에 대해 알고 있다. 사업의 규모, 범위, 중점 분야에 따라 협력에는 상품 기증, 재정적 지원, 기술 전문성 공유 등이 포함될 수도 있다.

지역활동
local engagement

미국인 5명 중에서 1명 이상이 매년 친환경 단체에 기부금을 내고 있는데, 시에라 클럽 Sierra Club 이나 그린피스 Greenpeace 처럼 규모가 크고 잘 알려진 곳에만 기부하는 것은 아니다. 외부에 드러나는 로비 활동이나 기금을 모집하는 단체들 곁에는 나무를 심고, 공공 녹지를 복원하고, 쓰레기를 재활용하고, 폐식용유를 바이오디젤로 변환하고, 재생 가능한 에너지 사용을 장려하는 등 실천적인 노력을 기울이는 수많은 지역 단체가 있다. 최근 한국에도 환경문화시민연대, 환경포럼, 녹색환경포럼 등 환경을 살리기 위한 친환경 단체들의 지역 활동이 활성화되고있다. 당신의 도움으로 혜택을 받을 수 있는 민간 단체가 있으며, 그런 후원 활동을 통해 지역 사회에서 기업 이미지를 향상시킬 수 있다.

기업 단위의 기부
workplace giving

기업의 기부 프로그램은 자선 활동에 대한 직원들의 마음을 모아 기업이 공동체나 단체를 지원하는 간단한 방법이다. 연방세법에 의하면, 기업은 기부 활동에 참여하는 직원의 세전 급여 중에서 정식 기부금을 공제해 그것을 비영리 형태의 어느 단체에나 지원할 수 있다. 즉, 기부를 받는 쪽은 기금 모집비와 관리비용을 제외한 약정액을 받을 수 있고, 기부자는 세금 반환을 요청하기 위해 연말까지 기다릴 필요가 없음을 의미한다. 가장 효율적인 방법은 돈을 기부하는 직원들의 관심 분야를 고려하는 것이다. 직원들이 직접 기부할 개인이나 단체를 결정하게 하자.

자원봉사
volunteering

직원들이 선의로 기부하도록 기업이 장려하는 것도 좋지만, 이보다는 자원봉사를 장려하는 것이 더 큰 도움이 된다. 자원봉사는 그 자체로도 가치가 있지만 현대 기업의 가치 창조자로 불리는 창의성, 팀워크, 미래의 변화에 대한 대처 능력 개발에도 도움이 된다. 예를 들면, 직원들이 개인적으로 또는 함께 일할 수 있는 금요일 오후 시간을 할애해서 즐겁게 자원봉사를 할 수 있도록 장려하자. 자원봉사가 단지 시간 때우기가 아니라는 것을 사람들에게 확실히 인식시키기 위해 의견이 일치된 목적과 평가 지표를 활용해 자원봉사를 성과 평가의 한 부분으로 만들도록 하자.

Photo: Corbis Australia

49

대중에 대한 보고
report publicly

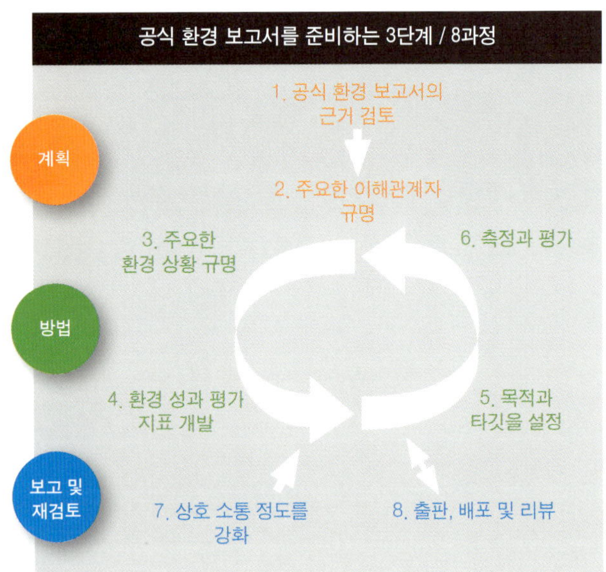

지속가능한 기업 문화를 창출하려면 환경 성과를 공식적으로 보고하는 것이 반드시 필요하다. 단지 고객, 투자자, 공동체의 기대 때문만이 아니라 보고서 작성을 통해 내부적 목표를 달성해갈 수 있기 때문이다. 환경 성과 보고서를 발행하는 많은 기업이 처음에는 기업의 이미지를 좋게 하려는 목적으로 시작했지만, 환경 보고서의 진정한 가치는 환경 성과를 측정하는 척도를 개발하고, 성과를 측정해 위험과 기회 요인을 분석하고 개선 방안을 이끌어내는 데 있다고 입을 모은다. 그래서 대부분의 기업이 직원들을 대상으로 보고를 한다. 대중에 대한 환경 보고서를 작성할 때 사용되는 국제적인 구성 방법과 그외 유용한 자료들이 '지구적 보고 이니셔티브 The Global Initiative' 의 홈페이지 www.globalreporting.org에 수록되어 있다.

산업 단체에 가입하기 50

join an industry group

기업 단체가 말하면 정치가들은 경청한다. 하지만 보통 자기 이해만 따지며 시끄럽게 떠들어대는 소수의 단체만이 미디어와 입법자의 주목을 받는다. 친환경 산업 단체의 회원이 되면 그러한 불균형을 깨뜨리고 공통의 견해를 표명하는 데 도움이 된다. 단결이 힘이라는 말도 있지 않은가. 단결은 미래의 지속가능한 경제 개발을 위해 정부의 모든 단계에서 필요한 법적 변화를 불러오는 힘이 된다. 또한 네트워크 기회, 교육 프로그램, 기업의 성장을 돕는 마케팅 수단보다 직접적인 혜택도 있다.

〈 친환경이란 무엇인가? 모든 상품이 환경에 영향을 미치기 때문에 이에 대한 대답은 간단하지 않다 〉

오피스 디포 OFFICE DEPOT 는 전 세계의 사무실에서 흔히 접할 수 있다. 오피스 디포는 미국 및 전 세계의 소비자와 기업에 150억 달러 이상의 상품과 서비스를 제공하고 있다. 오피스 디포의 거대한 사업은 사무용품 판매점, 계약 판매 조직, 인터넷 사이트, 직접 판매 카탈로그, 콜센터로 구성되어 있으며 상품 하역장, 창고, 운송 서비스가 모두 네트워크화되어 있다. 이렇게 함으로써 오피스 디포는 다른 기업보다 더 많은 사무용품과 서비스를 소비자에게 공급한다.

착상> 환경에 대한 우리의 정신은 세 가지 환경적 목표에 근거한다. 친환경 상품 구매, 친환경적인 운영, 친환경적인 상품 판매가 그것이다.

성과> 계약을 맺은 고객 및 조직에 공급하는 〈그린 북 Green Book〉 은 소비자가 상품에 있는 수많은 친환경 옵션을 간편하게 선택할 수 있게 해준다. 재활용품이 포함된 상품을 3500종 이상 구비하고 있다. 우리가 지금까지 이룬 일들은 상품 판매 그 이상이다. 종이 사용량의 1/3 이상을 재활용품 활용으로 대체하자는 목표를 달성하려고 노력하고 있다. 조명시설의 개선, 에너지 시스템 개량, 냉방시설의 교환에 수백만 달러를 투자했고, 탄소 배출량 감축에 도움이 되도록 캘리포니아의 매장 여러 곳에 재생에너지 형태의 전기를 공급하는 계약을 체결했다. 또한 재생잉크와 토너 카트리지의 판매, 휴대전화기, 충전지, 다 쓴 카트리지의 재활용을 장려하는 프로그램도 큰 성과를 거두었다.

공급자> 재활용으로 회수되는 종이와 판매하는 종이에 포함된 폐섬유로부터 회수물을 늘리기 위해 공급업자와 협력하고 있다. 종이 제작 과정에서 염소표백제의 사용을 금지해 공급자가 환경 오염을 줄일 수 있도록 독려하고 있으며, 친환경성이 공식적으로 인증된 숲의 나무를 원료로 사용하도록 권유하고 있다.

상호협력> 오피스 디포의 자연보호연맹 Conservation Alliance 은 세계적으로 가장 존경을 받고 과학적으로 접근하는 환경보호단체인 컨저베이션 인터내셔널 Conservation International, 멸종위기종과 멸종위험에 처한 동식물을 보호하는 네이처서브 NatureServe, 국제자연보호협회인 네이처 컨버전시 The Nature Conservancy 와 협력을 꾀하고 있다. 협력 파트너가 선도적인 친환경적 종이 구매 정책을 개발하고 시행하는 데 도움이 되도록 하였다.

미래의 전망> 친환경 사무실을 만들기 위한 작은 노력을 북돋우고 있다. 예를 들면 재생 성분이 없는 천연 종이보다는 재활용 성분이 10% 라도 함유된 재생종이를 쓰라고 고객들에게 권하는 것이다. 이런 노력은 친환경적인 미래를 향한 여정의 출발이 될 것이다.

> "지속가능경영은 우리 회사의 다섯 가지 기업 가치인 통합, 혁신, 포용, 고객 중심, 책임성과 맞닿아 있는 개념이다."
>
> - 얄마즈 시디퀴이 Yalmaz Siddiqui, 오피스 디포 환경전략 고문

출처: www.officedepot.com

탄소 중립 carbon neutral

탄소 발자국의 계산
calculate your footprint

51

탄소 중립적인 기업이 되기로 목표를 정하면, 수많은 기업 중에서 두각을 나타낼 수 있고, 이제는 보편적이 된 분야에서 도태되는 위험을 줄이고 관리할 수 있다.

또 탄소배출권 거래를 통해 이익을 보게 된다. 탄소 중립을 위한 최선의 방법을 결정하기 전에, 회사의 조업으로 인해 발생하는 직접적인 온실가스 배출량과 원료 공급자의 조업 활동 또는 판매 상품의 사용으로 인해 발생하는 간접적인 온실가스 배출량을 정확하게 파악해야 한다.

탄소 전문가와 전문 평가자의 도움을 받으면 객관적이고 정확한 평가를 할 수 있다. 당신의 탄소 발자국 carbon footprint 을 계산하기 위한 정보는 지속가능한 발전을 위한 세계기업협의회의 이니셔티브인 온실가스 협약 홈페이지 www.ghgprotocol.org 에서 제공된다.

그린 파워
green power

미국은 1인당 온실가스 배출량이 가장 많은 나라 중 하나인데 그 상황이 더욱 악화되고 있다. 2020년이면 전기 생산으로 인한 온실가스 배출량이 1990년보다 260% 증가하게 된다. 1990년은 온실가스 감축에 대한 교토의정서를 체결한 원년이다. 그러나 탄소 감축에 책임을 느끼는 기업들의 해결책은 단순하다. 에너지 공급자는 당신이 사용하는 전력의 전부 또는 일부를 태양열, 풍력, 수력과 같은 재생 가능한 자원으로부터 만들어낼 수 있다. 비용이 좀 많이 들기는 하지만, 당신이 지불하는 돈은 재생에너지에 대한 중요한 투자를 지원하는 것이다. 친환경 전력을 구매하게 되면, 지속가능경영을 채택하고자 하는 약속을 외부에 알릴 수 있고 또 다른 기업이 채택하게끔 장려하는 효과가 있다.

53

조명
lighting

직원들이 퇴근한 후에도 조명을 켜두는 곳이 많이 있다.
스카이라인을 멋지게 할 수는 있겠지만, 전력 대기 상태로
있는 사무집기까지 포함하면 2배의 전기요금이 나올 수 있다.
조명은 상업건물에서 나오는 온실가스의 20% 이상을 차지한다.
간단한 방법으로 조명용 전력 소모량을 70%까지 절감할 수 있다.
비효율적이고 필요 없는 조명시설을 제거하면, 열 발생량을 낮춰
냉방비도 절감된다. 야간에는 조명을 끄도록 건물관리인에게
요청하고, 인척 감지에 의해 점멸되는 센서를 설치하도록 하자.
조명 스위치 인근에 설명서를 붙이고 만약 당신이 마지막
근무자라면, 전기 스위치를 내리는 것을 습관화하자.

조달
procurement

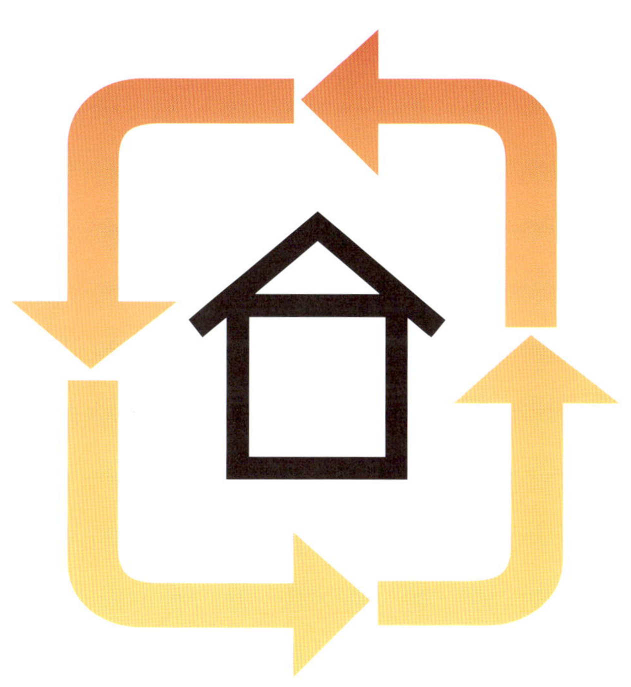

인건비가 싸고 환경 및 기타 규제가 느슨한 국가에서 수입하는 상품은 분명히 매력적이지만, 상품 운송에 의해 발생한 탄소배출량을 감안한다면 이런 상품에는 당신이 치러야 하는 대가가 있다. 그렇기에 국내 또는 기업이 있는 지역 업체와 거래하는 것을 조달 정책의 일부분으로 정해야 한다.

이렇게 하면 친환경적이기도 하고 동시에 사회적 편익도 생긴다. 지역 기업은 지역 경제와 공동체의 근간이다. 그 지역 주민에게 일거리를 제공하고, 지역 생산자들에게 더 많은 일거리를 제공함으로써 결과적으로 당신 기업을 포함해 그 지역에 대한 투자가 증대되는 효과를 낳는다.

차량
vehicles

미국에서 두 번째로 높은 온실가스 배출원은 운송 부문으로 최근 이로 인한 온실가스 배출량이 증가하고 있다. 미국의 차량연비는 평균 3.8리터당 40킬로미터를 약간 넘는데, 지난 20년간 거의 변화가 없었다. 소비자들이 고급스러운 중형차, 무거운 차, SUV를 선호한다는 것은 문제의 일부일 뿐이다. 신차 구매량의 상당 부분은 기업 차원의 대량 구매다. 미국 에너지부와 환경보호국의 홈페이지 www.fueleconomy.gov 에서는 신형 차량의 온실가스 배출평가표와 대기오염도 평가표를 제공하고 있다. 기업 차량의 오염물질 배출량과 비용 절감을 위한 방법에 대한 지침은 www.icleiusa.org에서 찾아볼 수 있다.

연료
fleet fuel

차량의 생태적 효율성은 주입하는 연료에 따라 개선된다. 유황 함유량이 일반 무연 가솔린보다 1/3 정도까지 적은, 옥탄가가 높은 연료를 사용하면 엔진의 힘이 강력해지고, 연료 소비도 효율적이며, 배기가스도 한결 깨끗해진다. 옥수수나 다른 바이오 매스로 만든 에탄올 그리고 식물성 기름 또는 동물성 폐기물로 만든 바이오 디젤 등 재생 가능한 자원이나 재활용 물질로 만든 바이오 연료를 섞은 가솔린을 찾아보도록 하자. 에탄올을 10% 정도만 섞어도 일반적인 가솔린에서 발생하는 대기오염 물질의 2/3 정도가 저감된다. 정유공장에서 연료가 올바르게 배합된 것을 보증하는 상표의 연료를 구매하도록 하자.

Photo: courtesy of the Australian Greenhouse Office, Department of the Environment and Heritage

항공 여행
air travel

회의나 워크숍을 위한 비행기 이용은 당신이 환경에 미치는 영향 중 가장 파괴적인 행위다. 항공 여행을 하면 승용차로 동일한 거리를 운전할 때 발생하는 양과 비슷한 양의 이산화탄소가 발생한다. 그리고 비행기는 대기권 높은 곳에서 오염물질을 배출하기 때문에 지상에서 승용차가 배출하는 것보다 온실효과에 3배나 더 강력한 영향을 미친다. 비행기로 뉴욕에서 로스엔젤레스까지 1회 왕복하는 경우, 지구온난화의 주범인 이산화탄소가 1인당 1톤까지 발생한다. 운행 노선이 짧은 비행기로 동일한 거리를 수차례 이용하면 이착륙에 소모되는 연료의 양 때문에 오염물질 발생량이 더욱 증가한다. 꼭 필요하지 않은 항공 여행은 가능한 한 피할 방법을 찾도록 하자.

58

가상회의
virtual meetings

사업을 하다보면 중요한 계약을 체결하기 위해, 투자를 요청하기 위해, 계약서에 서명하기 위해, 중요한 고객과의 1차 회의는 직접 대면해서 하는 것이 필수적이다. 그러나 많은 경우 직접 만나서 하는 회의는 꼭 필요한 것이라기보다는 사치스러운 것이 될 수도 있다. 인터넷이나 TV, 전화를 이용한 원격회의, 웹이나 영상을 활용한 회의와 같은 가상회의도 효과적일 수 있고, 시간, 돈, 에너지 또한 절약된다. 가상회의를 구현하는 기술은 이제 더 이상 신기한 것이 아니고 생각보다 비용도 많이 들지 않는다. 인터넷과 웹 카메라가 연결되어 있다면, 마우스 클릭 몇 번만으로 가상회의가 가능하며 이러한 회의에는 비용이 거의 들지 않는다.

탄소 배출량의 상쇄
carbon offset

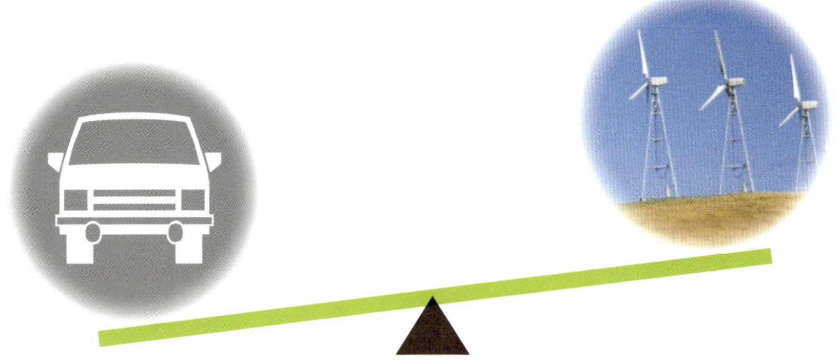

기 업 활동에서 탄소 배출량을 더 이상 줄이는 것이 비현실적이거나 경제적이지 않을 때는 이를 보완하기 위해 탄소 배출량을 상쇄하는 방법을 채택할 수 있다.

예를 들어, 에너지 효율이 가장 높은 장비와 차량을 이미 사용하고 있으면 더 이상 배출량을 줄이는 것이 불가능할 수 있다. 가장 적극적인 전략은 Carbonfund.org 와 같은 서비스를 활용하는 것인데, 이 서비스는 미래의 청정에너지를 제공할 기술 분야에 매우 필요한 투자를 함으로써 재생에너지, 에너지 효율, 재녹화사업을 통해 배출량을 상쇄한다. 나무가 자라면서 오염물질을 흡수하는 식재 사업도 고려해보자. 단, 그러한 사업은 나무가 계속해서 자랄 수 있고 지역의 생물다양성에 이로운 것이 보장되는 지역에 한해 시행되어야 한다.

기후변화에 대처하는 리더가 되자

be a climate leader

>>>>

미국 환경보호국이 운영하는 '기후변화 대처 리더 프로그램 Climate Leader program'은 에너지 효율 향상, 온실가스 배출량 감축, 감축 기회 장려 등의 지침을 기업에 제공한다. 140개 정도의 다양한 기업군과 산업군이 이 프로그램에 동참하고 있다. 이 프로그램에 참여하면, 다른 참여자의 경험을 체득할 기회도 얻을 수 있고 산업 전문가에게 자문할 수도 있다. 회원으로 가입하면 동료 간 상호교류 프로그램을 활용할 수 있고 또 기업에 대한 대중의 인식도 높일 수 있다. 자세한 사항은 웹페이지 www.epa.gov/climateleaders에서 참고할 수 있다.

〈 바른 기업 윤리로도 이윤을 창출할 수 있다 〉

구글 GOOGLE

세계 최대의 온라인 검색엔진인 구글은 세계의 정보를 조직화해 많은 사람이 쉽게 접근하고 유용하게 쓸 수 있도록 하는 것을 기업의 목표로 하고 있다. 회사 창립자인 래리 페이지 Larry Page 와 세르게이 브린 Sergey Brin 은 스탠퍼드 대학 시절 기숙사 안에서 새로운 온라인 검색엔진을 개발했고 그 아이디어를 정보 검색자들에게 재빨리 보급했다. 현재 구글은 세계 최대의 검색엔진으로 짧은 시간에 의미 있는 검색 결과를 제공하는, 사용이 편한 무료 서비스로 인정받고 있다.

착상> 비치 발리볼 게임을 하는 자유로움, 자연채광이 들어오는 실내 공간, 자연환경에 대한 열정이 담겨 있는 구글의 생동적인 기업 문화는 태양광을 활용해 청정한 전기를 생산한다는 발상을 불러일으키는 데 도움이 되었다.

성과> 구글은 지금까지 미국 내 기업에 설치된 것 중 가장 큰 태양열 집광판을 활용해 태양열 에너지를 생산한다. 구글 본사의 8개 건물과 새로 건설된 2개의 태양열 간이 차고의 지붕에 수천 개의 태양열 집광판이 설치돼 있다. 또한 미국 내 기업 중 가장 방대한 회사 셔틀 통근 프로그램을 운영하고 있으며, 하이브리드 차량을 구매하는 직원에게는 보조금을 지원하고 있다.

상호협력> 구글의 자선기관인 Google.org는 정보력을 이용해 사람들의 삶의 질 향상을 위해 활동하고 있다. 재정 자원 이외에도 계열사와 협력업체, 정보 기술, 그리고 다른 자원을 이용해 주요한 세 가지 지구적 문제인 기후변화, 지구 차원의 공중보건, 경제개발과 빈곤 문제에 관여한다.

구상> Google.org는 RechargeIT 프로그램을 활용해 플러그인 하이브리드 차량 기술의 보급을 장려할 계획이다. 이를 통해 이산화탄소 배출, 유류 사용량을 낮추고, 플러그인 하이브리드 전기 차량과 차량 – 그리드 기술 활용을 활성화해 전기 그리드를 안정화하는 것을 목표로 하고 있다. 2008년까지 기후변화 물질 배출량을 상쇄시킬 목적으로 기후변화에 대응하기 위한 컴퓨팅 이니셔티브를 함께 조직했다. 2010년까지 개인 컴퓨터와 서버 시스템의 에너지 효율을 90%로 올리는 과제다.

미래의 전망> 플러그인 하이브리드, 순수 전기 자동차, 차량 및 그리드 사이에 전력 공급을 원활히 할 수 있는 기술, 축전지와 다른 저장 기술 등을 다루는 회사 및 기술 분야에 약 1000만 달러를 투자할 계획이다. 구글의 친환경 기술에 대한 이 같은 투자가 현대의 운송 산업이 당면한 기후변화와 에너지 절감 분야의 발전을 촉진하는 데 도움이 되기를 바라고 있다.

> "기업으로서 구글의 가장 큰 목표 중 하나는 환경 보호를 촉진하는 것이다."
>
> – 루앤 칼버트 Luanne Calvert,
> 구글 크리에이티브 부문 책임자

출처: www.google.org

자연의 순환고리 closing the loop

폐기물 관리에 대한 감사
call in the auditor
61

폐기물 관리에 대한 감사를 하면 폐기물 흐름의 특성과 폐기물을 활용하는 다양한 방법을 이해하는 데 도움이 된다. 제품 생산의 순환 고리를 통해 자원의 사용은 극대화하고, 폐기물 처리 비용은 절감하며, 좀 더 효율적인 조직을 만들 수 있다. 폐기물 관리에 대한 감사는 일주일 동안 발생되는 모든 폐기물을 수집하고 분리한 다음, 폐기물의 성분과 양, 그리고 기존 폐기물 관리 전략의 효과성을 검토하는 것이다. 최선의 결과를 얻기 위해서는 분명한 목적, 확실한 관리, 시스템 및 전략 관리자에 대한 권한 부여 계획이 필요하다. 폐기물 관리 감사 업체에 대한 자문이나 정보는 거주 지역의 폐기물 관리 기관이나 정부의 환경부서에서 얻을 수 있다.

재활용
from output to input

폐기물은 세계의 자원이자 당신 기업의 자원이다. 부산물을 어떻게 활용 가능하게 만들어낼 수 있을지를 생각해보자. 폐기시켜왔던 무언가를 당신 기업이나 다른 곳에 유용한 상품으로 바꿔보자. 패스트 푸드 음식점에서 발생하는 폐식용유는 바이오 디젤로 변환할 수 있다. 바이오 디젤은 석유보다 오염물질을 적게 발생시키는 대체재로 폐유 처리 문제를 해결하는 방법이다. 기기에서 발생하는 열을 활용해 온수를 만들 수 있다. 환경적으로 바람직하지 않은 투입 물질을 재활용이 가능하고 독성이 없는 것으로 대체하기 위해 기업 활동에서 나오는 부산물의 형태를 바꿀 방법이 없는지 고려하라.

63

폐기물 수집
collective action

재 활용에서 가장 큰 장애물은 재활용품 수집이 비경제적이라는 점이다. 다른 기업과 제휴하면, 폐기물을 그냥 매립지로 보내기보다는 사업적으로 좀 더 유용하게 활용할 수 있는 가능성이 커진다. 주변 기업과 협력해 재활용업자의 구미를 당길 만큼 충분한 양을 수집하는 방법이 있다. 당신 기업 활동의 부산물을 이용할 수 있는 다른 기업과 협정을 맺는 방법을 강구할 수도 있다. 미국 환경보호국은 국제적·국가적·주별 물질교환 조직에 대한 정보를 제공하여 기업들을 독려하고 있다.

플라스틱
plastics

64

미국에서 재활용되는 플라스틱은 매년 폐기되는 3000만 톤의 단 6%에 불과하다. 최근 흔히 사용하는 PET polyethylene terephthalate 와 같은 플라스틱의 재활용률은 낮아지고 있다. 지방정부의 재활용 프로그램은 주로 PET 나 HDPE high –density polyethylene 를 수집하고 있으며, 다른 플라스틱은 개별적으로 재활용 장치를 준비해야 한다. 예를 들어, 건설업이나 음식업에 종사한다면 EP expanded polystyrene 를 많이 사용하게 마련인데, EP는 완벽히 재활용할 수 있음에도 실제 재활용률은 저조한 실정이다. 재활용품 수거함을 마련해서 수거하지 않으면 매립지에 폐기되고 말 것들을 재활용하자.

전화기
phones

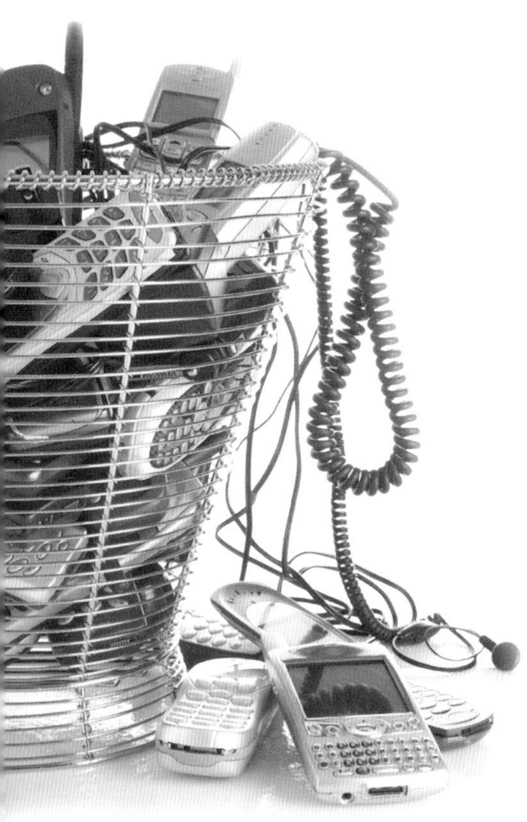

매년 미국에서는 1억 4000만 개 이상의 새 휴대전화기가 판매되지만 평균 수명은 2년이 채 되지 않는다. 비소, 안티모니, 베릴륨, 카드뮴, 납 등의 독성 금속을 함유한 전화기는 결국에는 상당량의 유해 폐기물이 된다. 전화기 주인들도 어떻게 처리해야 할지를 모르기 때문에 사용하지 않는 전화기가 집과 사무실의 여기저기에 어지럽게 놓여 있다. 대책은 회사에서 수거하는 것이다. 작동되는 전화기는 개발도상국에 보내서 선진국과의 디지털 격차를 좁히게 할 수 있고, 그렇지 않은 것들은 분해한 부속으로 다른 상품을 만들어 재활용할 수 있다. 전화 재활용업체인 ReCellular는 매년 300만 개 이상의 폐기된 전화기를 수집하고 재처리한다.

66

컴퓨터
computers

미국에서 연간 판매되는 6500만 대 이상의 컴퓨터 가운데 75%가 매립지로 보내지거나 최종 처분을 기다리며 쌓여 있다. 매립지에 있는 납, 카드뮴, 수은의 70% 이상은 컴퓨터와 다른 가전기기로부터 발생한 폐기물에서 나온 것이다. 이외의 유해물질로는 바륨, 베릴륨, 크로뮴, 코발트, 삼산화 안티모니가 있다. 판매되는 컴퓨터의 절반은 기업에서 사는 것이므로, 기업은 구매력을 활용해서 환경적으로 가장 좋은 모델을 선택해야 한다. 컴퓨터의 제조뿐만 아니라 회수까지 전 과정에 대한 책임을 보증하는 회사, 독성물질을 최소화하도록 디자인하는 회사, 부품 재활용이 가능한 회사의 제품을 선정하자. 생산자가 회수해가지 않는 오래된 기기는 학교나 자선단체, 또는 그 부품을 재사용할 수 있는 단체에 기부하는 방법도 있다. 컴퓨터와 기타 전자기기 폐기물의 재활용에 관한 정보는 별도로 수록한 웹사이트 정보를 참조하면 된다.

67

전지
batteries

라디오와 전화, 시계, 노트북, 전동공구를 사용하기 위해 쓰는 건전지의 80% 정도는 일회용 알카라인 건전지다. 매립지에 폐기되어도 안전한 것으로 간주되는 건전지가 사실은 생태 친화적이지 않다. 충전 가능한 전지를 사용하면 폐기물 발생량을 상당히 줄일 수 있고 또 비용도 절약된다. 그렇지만 영원히 쓸 수 있는 전지는 없고, 충전 가능한 전지는 유해한 중금속이 더 많이 들어 있기 때문에 반드시 재활용해야 한다. 소비자를 위한 전지 수집, 보관, 재활용 지침과 전화기 재활용 계획 등에 관한 자세한 정보는 충전 가능한 전지 재활용협회의 홈페이지 www.rbrc.org를 참고하면 된다.

음식물 찌꺼기
food scraps

음식 폐기물과 기타 유기물이 매립지에서 분해되면 공기가 없는 혐기성 상태에서 메탄가스가 생성되는데, 메탄가스는 이산화탄소보다 잠재력이 20배나 강한 온실가스다. 또 지하수를 오염시킬 수도 있다. 사무실에 어울리는 다양한 스타일로 디자인할 수 있는 벌레 농장은 음식 찌꺼기를 거름으로 만들 수 있는 간단하고, 효과적이며, 깨끗한 방법이다. 벌레들은 과일, 채소, 달걀 껍질, 심지어는 피자 상자(피자 상자는 종이 재활용 상자에 넣으면 안 된다)까지 먹어치워서 대부분 액상 폐기물과 식물의 거름으로 활용할 수 있는 소량의 고형 폐기물을 생산한다. 폐기물 수거 시스템에서 당신이 줄인 유기물 1톤은 매립지에서 발생하는 온실가스를 1/3톤 이상 감축한다.

재활용품 구매
buy recycled

재활용을 위해 분리 수거하는 것도 중요하지만, 재활용 물질로 만든 상품을 구매하지 않는다면 정말로 재활용하는 것이 아니다. 수요와 공급이라는 단순한 경제 원리가 여기에도 마찬가지로 적용되기 때문이다. 공급 측면에서 재활용 수집을 적극적으로 추진해야 함과 동시에 재활용 물품을 소비하는 수요가 반드시 있어야 한다. 현재 바인더, 종이 상품, 프린터 카트리지, 가구 등 재활용 성분이 포함된 다양한 상품이 있다. 이러한 상품에 관한 정보는 미국 환경보호국의 공급자 데이터베이스 www.epa.gov/epaoswer/non-hw/procure/database.htm 에 소개되어 있다.

환경전과정평가
life-cycle analysis

재사용, 수리, 재활용

예산 절감에 민감하게 마련인 기업은 언제나 최저 가격의 상품을 선호한다. 그러나 최저 가격의 상품은 대개 비용 대비 효과적인 선택이 아닌 경우가 일반적이다. 보통 최저가 상품은 그만큼 값싼 부품으로 생산되기 때문에 마모가 빠르고 대체가 어려운 경우가 많다. 이처럼 계획적 진부화 planned obsolescence[3] 라고 알려진 불분명한 디자인 관행은 귀중한 자원을 소비하게 하고 또 불필요한 폐기물을 양산하면서 제품에 대한 계속적인 수요를 유발한다. 또한 값싼 디자인은 부품의 효과적인 재활용이 불가능하다. 디자인이 좋고, 수리 개량·재활용이 가능하며, 훨씬 내구적인 물품을 생산하고 구매하는 기업에 투자하라. 환경 성과를 향상시키기 위해 어떤 사내 관행을 채택하고 있는지와 함께, 제품의 수명이 다하면 재사용이나 재활용을 위해 제품을 회수할 것을 공급자에게 요청하자.

3: 역자 주 - 계획적 진부화란 교환 매입, 대체 수요를 노려 신품종의 개발과 모델을 빠르게 단행함으로써 계획적으로 기존 제품이 곧 구식이 되도록 만드는 것을 말한다.

〈 지속가능성은 기업의 경쟁력을 확보하는 열쇠다. 지속가능한 실천은 효율을 향상시킨다 〉

비올리아 환경 서비스 VEOLIA ENVIRONMENTAL SERVICES:VES 는 3500개의 기업과 55만 가구에 폐기물 관리 서비스를 제공하는 호주 기업이다. 자회사인 프랑스의 다국적기업 비올리아 환경 Veolia Environment 은 2300명의 직원이 일하고 있으며 연 매출액은 5억 2000만 달러 정도다. 다음은 판매와 개발 부문의 그룹 총책임자인 토니 케이드 Tony Cade 와 인터뷰한 내용이다.

착상> 주거환경 개선이 사업의 핵심 분야이기 때문에 실시하는 모든 활동의 중심은 지속가능한 발전이다.

성과> 다수의 성과가 있다. 예를 들어, 남극 및 남극 인근의 오염지역에서 폐기물을 제거하고 처리하기 위해 호주 남극 담당국과 제휴했고, 우드론 생태구역 Woodlawn Eco-Precinct에 투자했으며, 폐광된 노천 광산을 세계적인 수준의 자원 및 에너지 회수시설로 개조했다. 그 결과 발생한 탄소배출권 carbon credit을 런던의 BP와 HSBC에 판매했다.

관리> 지속가능한 대안을 제공하는 분야에 종사하고 있다. 이사회로부터의 불만은 없었다.

구성원> 직원 및 다른 이해관계자들은 성과에 만족한다. 이 성과는 회사의 탄탄한 재정 성과뿐만 아니라 직장인들이 다니고 싶은 회사로 우리 회사를 뽑은 것에서도 나타난다.

공급자> 구매 방법을 지속가능성의 세 가지 주요 분야 triple-bottom-line 평가 기준에 맞추었다.

정부> 법적 장치를 개발하는 데 좀 더 전반적인 관점의 '환경 성과표'를 적용해야 한다. 예를 들어 주정부 수준에서는 폐기물 감축에 대한 목표 수준이 낮고, 부과금이 너무 적으며, 지속가능한 혜택을 제공하지 않는다.

4: 역자 주 - 세 가지 주요 분야란, 지속가능경영에서 평가하는 경제, 사회, 환경을 의미한다.

부과금이 단지 수입 창출을 위해 만들어진 것이 아니냐는 곱지 않은 시선도 있다.

비용> 여느 기업과 마찬가지로, 폐기물 관리를 위한 대안적 전략과 실천 방안에 투자하기로 했다면 재정적인 문제도 충족시켜야 한다. 예전에는 자원 회수에 지속가능한 새로운 방법을 적용하는 것에 대해 일부 저항이 있었다. 하지만 그 저항은 새로운 방법이 비용이 더 든다는 잘못된 인식 때문이다. 지금 우리는 사고전환기에 있기 때문에 모든 비용과 위험을 고려하고 있다.

편익> 우리 사업은 '세 가지 주요 분야'에 대한 편익을 고객과 협력업체에 제공하는 데 근거를 두고 있다. 지속가능경영은 기업의 경쟁력을 확보하는 열쇠다. 입법적 현안을 제외하면, 지속가능한 실천은 조직의 효율을 높인다.

착상> 매우 많아서 모두 열거하기 어렵지만 굳이 하나를 꼽자면, 유지관리, 환경규제 준수, 환경적 필요성을 표명한 '세 가지 주요 분야'에 대한 해결책을 제공하기 위해 기업과 협력하고 전문적 시설 관리 그룹을 만든 것이다.

도전> 자원 회수 산업 분야의 경우 대안적 폐기물 처리 기술 분야에서 상당한 실패를 경험했다. 실패에 대한 대가는 생각보다 꽤 클 수도 있다. 중요한 교훈은 여러 지역에서 실제로 검증된 기술을 사용하라는 것이다.

도움말> 1) 통합적인 (세 가지 주요 분야 차원의) 의사 결정을 하라. 오늘 가장 저렴한 것이 미래에도 최상이거나 지속가능하지 않을 수도 있다. 2) 지속가능한 실천 방안의 채택은 서비스 공급자와 협력해서 개발한 직원 문화의 변화 프로그램이 수반되어야 한다. 3) 포괄적인 환경·보건·안전 프로그램 (EHS)을 만들고 서비스 공급자는 기업이 기대하는 것 이상을 충족시켜야 한다.

친환경 인증 ecolabeling

ISO 14000

환경 평가 시스템 environmental assessment system

ISO 14000은 국제표준협회가 개발한 환경경영 평가 기법으로, 환경 평가 시스템, 인증, 에코 라벨링을 다루고 있다. ISO 14000에서는 세 가지 형태의 에코 라벨을 정의하고 있다. 타입 1 라벨 (ISO 14024) 은 논란의 여지가 있으나 생산자와 소비자에게 가장 귀중한 것이다. 타입 1 라벨은 선별적이고 여러 척도를 근거로 하고 있으며, 상품에 대한 제3자 인증의 승인을 나타낸다. 타입 3 라벨 (ISO 14025) 은 정량화되었으나, 수립된 척도에 따르지 않고 독립적으로 검증된 것을 근거로 한 비선택적인 상품 정보를 제공한다. 이보다 좀 떨어지는 것이 타입 2 라벨 (ISO 14021)인데 이것은 자체적인 선언을 근거로 한다. 다양한 라벨의 상대적인 장점을 이해하면 구매를 결정할 때 환경적 혜택을 극대화할 수 있다. ISO 14000에 대한 정보는 www.iso.org에 있고, 에코 라벨링에 대한 자세한 정보는 www.gen.gr.jp나 www.greenerchoices.org를 참조하면 된다.

친환경 인증 상품 선택하기

green seal choice

미국에는 종이나 목재에서부터 가전제품과 음식물에 이르기까지 소비재에 대해 신뢰할 수 있고 외부기관이 보증하는 몇 개의 에코 라벨링 프로그램이 있다.

일반 사무용품이 그린 실 Green Seal 라벨을 획득하면 다른 사무용품에 견주어 전과정평가의 측면에서 친환경적인 상품임을 보증받는 것이다. 그린 실 라벨은 타입 1 라벨에 대한 ISO 14024 기준에 준하여, 환경 수준 및 사회적 성과를 독립적 감사와 모니터링 척도로 평가하고 부합한 제품에 부여한다.(여기에는 종이제품과 청소용품, 기계류가 포함된다.) 보다 자세한 사항은 www.greenseal.org를 참조하면 된다.

삼림 관리

forest stewardship

미 국에 수입된 목재의 30% 정도가 불법적으로 벌채된 것이다. 구매한 목재 상품에 대한 사후 보증은 잘 관리되고 합법적으로 벌채된 숲에서 생산된 품목에 한해서다. 삼림관리협의회 The Forest Stewardship Council의 FSC 상표는 FSC가 보증하는 임산물임을 특별한 라벨로 나타낸 것이다. '그린 실' 과 마찬가지로 FSC 상품은 삼림관리협의회가 동의한 사회적 환경적 기준에 따라 평가되고 보증된 것이다. 삼림관리협의회는 세계야생기금 WWF 과 국제자연보호협회인 네이처 컨버전시 The Nature Conservancy 와 같은 환경단체를 포함한 임목 구매자, 무역업자, NGO의 국제적 연합조직이다. FCS 프로그램은 4000억 평방미터 이상의 삼림과 수천 개의 상품을 인증하였다. 더 자세한 정보와 상품 목록은 FSC 홈페이지 www.fsc.org를 참조하면 된다.

온실가스
greenhouse friendly

기업의 상품이 요람에서 무덤까지 전 과정에서 온실가스를 상쇄할 수 있게 만드는 방법을 추구하는 기업의 대열에 동참하자. 독립적인 검증 프로세스를 기반으로, 승인된 감축 계획을 통해 상품의 생산, 사용, 폐기에 따르는 배출량을 상쇄시킬 수 있다. 영리를 추구하는 법인뿐만 아니라 기후기금이나 MyClimate 같은 비영리기관의 도움으로 많은 기업이 항구적이고 검증 가능한 온실가스 감축을 달성하고 있다. 이러한 활동은 지구 온난화를 막는 데 도움이 되며, 에너지 효율의 개선, 폐기물 감량 및 재활용, 매립지 가스와 기타 배출 물질의 포집 및 연소, 재생에너지를 이용한 발전, 식재 등이 포함된다.

에너지 스타
energy star

에너지 스타는 미국 환경보호국이 만든 전자기기의 에너지 효율성에 대한 국제적 기준이다. 에너지 스타를 준수하는 기기는 사용되지 않을 때는 대기 모드로 전환되고, 대기 모드에서는 에너지 소비량이 낮기 때문에 전기 사용량이 절감된다. 이 경우 프린터나 복사기 같은 기기들의 전력 소모량이 대폭 줄고, 대기 모드의 경우 95%까지 절약할 수 있다. 컴퓨터와 같은 기기의 에너지 절약 장치는 자동이 아니기 때문에 직접 지정해주어야 한다. 전원을 끄거나 대기 모드에서 기기의 에너지 소비량에 관한 정보는 www.energystar.gov를 참고하면 된다.

물 절약
water rating

미국에서 판매되는 모든 샤워꼭지, 수도꼭지, 양변기, 소변기는 1회 세척당 물 사용량이나 1분당 소모량 측면에서 최대 흐름량을 달성하는 것이 이제 의무적인 사항이 되었다. 그러나 물 이용 효율을 극대화하려면 기준보다 더 많이 물을 절약할 수 있는 배관 상품을 선택하는 것이 좋다.

1분에 9.5리터 이하의 유속으로 물이 나오는 샤워꼭지, 분당 4리터 이하 유속의 수도꼭지, 그리고 1회 세척에 사용되는 물이 6리터를 초과하지 않는 양변기를 사용하도록 하자.

시장에서 절수 효과가 큰 상품들로 입증된 라벨이 붙은 상품을 찾는 데는 미국 환경보호국의 물절약 프로그램이 도움이 된다.

공정무역
fair trade

친 환경 인증 시스템은 아니지만, 공정무역 인증서는 전통적인 농업 방법을 포기하게 하고, 열대우림을 파괴시키며, 인공비료와 살충제에 의존하여 환금성 단일작물을 재배하는 착취적 거래 사례를 알려줌으로써 이와 반대되는 지속가능한 농업을 장려한다. 공정무역 유통업자는 제품 생산을 위한 최소 인력과 환경 및 사회적 요건을 충족하기 위해 시장 가격보다 높은 비용을 지불하게 되고 이는 결국 제품 구매 주체인 소비자의 부담으로 이어진다. 따라서 공정무역 상표가 붙은 상품은 지역협동조합에서 직접 납품하며, 생산자에게는 합리적인 가격을 보장하고 있다. 국제 공정무역 인증서 발급은 국제 공정무역 인증 조직에 의해 2002년에 시작되었다. 라벨링과 인증 시스템, 그리고 공정무역 상품의 구매처에 대한 자세한 정보는 www.fairtrade.com에 있다.

푸른 지구
green globe

'**푸**른 지구 green globe'는 호텔, 식당, 휴양지, 차량 렌털 기업을 포함한 여행 및 관광 산업을 위한 세계적인 벤치마킹 및 인증 프로그램이다. 이 프로그램은 온실가스 방출량, 에너지 효율성, 물 사용량, 폐수 관리, 공기환경 보전과 소음 관리, 폐기물 감량・재이용 및 재활용, 생태계에 미치는 영향, 토지 이용, 지역적・사회적・문화적・경제적 영향의 아홉 개 분야에 걸쳐 성과를 측정한다. 호주의 지속가능한 관광을 위한 협력연구센터 Australia's Cooperative Research Centre for Sustainable tourism와 합동으로 개발되었으며, 인증된 제3의 평가자에 의한 현장 감사가 필요하다. 더 자세한 정보와 이에 참여하는 기업에 대한 정보는 www.greenglobe.org를 참조하면 된다.

지속가능하고 책임감 있는 투자
sustainable responsible investment

4 01k[5] 프로그램이나 다른 투자 계획을 세울 때, 현재 시장에서 활용할 수 있고 사회적으로 책임감 있는 투자 옵션을 생각하자. 도덕적으로 그리고 사회적으로 책임감 있는 투자 상품이나 서비스를 선택할 때는 개인적으로 시간을 좀 더 들여서 연구해야 한다. 잘 찾아보면 윤리적 투자를 전문으로 하는 투자 전문가(Socialfunds.com, Progressive Asset Management, First Affirmative Financial Network 등)을 발견할 수 있다. 이렇게 하면 당신의 투자는 지속가능한 미래를 지원하는 동시에 수익도 올릴 수 있다.

5: 역자 주 - 미국의 대표적인 퇴직연금상품

유기농 인증
certified organic

인공 화학물질이나 유전자 변형 상품, 항생제, 폐수, 슬러지, 광선처리 또는 성장 호르몬을 사용하지 않고 생산한 유기농산물, 육류 등을 선택하자. 유기농 과일과 채소는 천연비료를 주고 살충제를 살포하지 않고 키운 것이다. 동물은 유기질 사료를 먹이고 방목해 사육한 것을 말한다. 이에 따른 환경적 혜택으로는 먹이사슬의 모든 단계에서 생물다양성이 풍부해지는 것이다. 미국 농무부의 국가 유기농 프로그램인 USDA에는 미국에서 유기농 라벨을 사용하는 사람들이 반드시 준수해야 할 일련의 기준이 포함되어 있다. 이 라벨이 붙은 상품을 슈퍼마켓 판매대에서 점점 더 많이 볼 수 있어 유기농 상품의 이용이 한결 편리해졌다.

〈 우리의 바람은 더욱 살기 좋고 좀 더 아름다운 지구를 만들기 위해 우리가 만나는 사람과 장소 속에서 우리에게 주어진 역할을 다하는 것이다 〉

뉴잉글랜드의 조그만 신발 회사로 출발한 **팀버랜드** TIMBERLAND 는 1973년부터 간판 상품인 부츠를 만들면서 성장해왔고 남녀 의복, 야외활동복, 장신구 등으로 사업 분야를 확장했다. 회사가 발전하면서 지역공동체에 대한 회사의 약속도 많아졌다. 최초의 기부는 1989년 비영리기관인 City Year에 50족의 부츠를 기부하는 것으로 시작되었다. 이후 팀버랜드는 직원의 시간과 돈을 세계 각국의 공동체에 투자하면서, 공동체 사회에 대한 봉사와 환경에 대한 책임을 다하는 선구적 기업으로 등장했다.

착상> 간단히 말해서, 팀버랜드의 임무는 우리 개개인이 지닌 고유함을 세상에 실현할 수 있도록 돕는 것이다.

성과> 신발과 부츠 박스에, 회사의 사회적 · 환경적 영향을 보고하는 혁신적인 상품의 '성분분석표 nutritional label' 를 사용한다. 식품에 부착되는 성분 라벨과 비슷한 이 라벨에는 신발이나 부츠의 생산 지역, 상품 생산에 투입된 에너지, 팀버랜드가 사용하는 재생에너지의 양을 표시한다. 회사의 자원봉사 프로그램도 표기되어 있다. 상자 안에는 고객들에게 환경보호나 공동체를 위한 봉사활동을 지원하라는 문구를 넣었다. 포장박스는 100% 재활용 상품을 활용해 생산된 마분지에 무공해 콩기름 잉크로 인쇄해서 만든다. 팀버랜드는 온실가스 배출량을 감축하고, 수성 접착제를 사용해 신발을 만들며 유기농 면을 더 많이 사용하기 위해 노력하고 있다.

구성원> 모든 신입사원이 회사의 사회적 책임감에 대해 열정을 갖도록 하고 있으며, 본사의 신입사원은 1일 자원봉사를 하도록 하고 있다.

'Serv-a-palooza' 라고 하는 선행 의욕을 고취하는 팀버랜드의 축제는 하루 종일 열리는데 수천 명의 직원이 모여서 사회악에 대처하고, 환경보호를 돕고, 세계 각처의 노동 여건을 향상시키기 위해 자원봉사 활동을 더 많이 할 것을 다짐한다. 하이브리드 차량을 구매하는 직원에게는 3000달러를 제공하는 하이브리드 인센티브제도 있다.

공급자> 가죽의 구매 과정에서부터 각 제혁소의 환경 성과를 평가해 제혁소의 환경을 상당히 개선시켰다. 공급자가 자사의 직원을 공정하게 관리할 수 있도록 감시하고 있으며, 또한 지구적 인권 기준을 모니터링해 그 상품이 공정하고, 안전하며, 차별적이지 않은 작업장에서 생산될 수 있도록 하고 있다.

정부> 사회적으로 그리고 윤리적으로 책임감 있는 CERES 연맹의 이니셔티브인 시설보고사업 facility Reporting Project : FRP 에 가입했다. 그 이니셔티브의 목적은 지속가능성에 대한 보고와 전국에 걸친 시설의 환경 성과를 개선하는 것이다.

도전> 온타리오와 캘리포니아 물류센터의 태양에너지 사업에 3500만 달러를 투자하였다. 센터에서 소모되는 에너지의 60%를 공급하지만, 투자비용을 회수하는 데는 20년 이상 걸릴 수 있다. 하지만 최고경영자인 제프리 스왈츠 Jeffrey Swartz에 따르면, 팀버랜드는 장기간에 걸쳐 지속가능성을 위해 헌신하고 있다.

출처: www.timberland.org

마케팅 marketing

메시지의 파급
spread the message

81

조사에 따르면 환경에 관심을 기울이는 소비자가 점점 더 많아지고 있으며, 더 많은 기업이 선량한 시민 기업으로 거듭날 것을 기대하는 것으로 나타났다. 친환경 시장이 급격히 성장함에 따라, 기업의 환경적 의무와 사회적 의무의 균형을 맞추는 것이 시장점유율을 높이고 유지하는 데 도움이 될 것이다. 마케팅에서 정보는 매우 중요하다. 고객과 정보를 공유하는 것에서 시작하라. 상품에 대한 포괄적인 정보 공개는 소비자가 비교를 통해 경쟁 상품의 문제점을 찾을 수 있게 하고, 자신의 소비가 환경에 어떤 영향을 미치는지 알게 하는 교육 효과가 있다. 당신의 상품 분야뿐만 아니라 다른 분야에서도 마찬가지로, 소비자가 더 많은 정보를 갖고 구매 의사 결정을 할 수 있게 하라.

소비자가 환경에 대해 염려하는 것에 비해, 친환경 시장의 규모는 아직 그에 못 미치고 있다. 이것은 문제이기도 하지만 동시에 기회이기도 하다. 왜냐하면 그만큼 많은 사람이 환경에 대한 생각을 소비 차원으로 어떻게 전환해야 하는지 잘 모르고 있다는 것을 의미하기 때문이다. 또 한편으로는 많은 사람이 얻게 될 차익에 대해서 확신이 없다는 것을 의미하기도 한다. 이런 점에서 당신 직원의 역할은 매우 중요하다. 직원들은 기업의 환경 성과를 소통시키는 최전선에 있는 사람들이다. 만일 설명을 요구하는 고객에게 직원들이 친환경에 관해 이야기해줄 수 있다면, 고객이 묻지 않았던 나머지 좋은 일도 한층 효과적으로 설명할 것이다. 교육과 훈련에 투자하면 혜택이 따르게 마련이다.

긍정적인 것을 말하기
say something positive

나무 한 그루가 이렇게 쓰러져 있었다면, 당신은 보지도 않았을 것이다.
자연을 보호하자.

마 케팅은 단지 사람들에게 무엇을 사라고 부추기는 것이 아니다. 상품과 서비스를 파는 데 활용되는 원리가 아이디어나 태도, 행태를 판매하는 데 동일하게 적용될 수 있다. 마케팅의 대가 필립 코틀러 Philip Kotler 와 제럴드 잘트만 Gerald Zaltman 은 이러한 캠페인을 설명하기 위해 '사회적 마케팅 social marketing' 이란 용어를 만들어냈고, 이 분야에서 미국은 선도적인 위치에 있다. 사회적 마케팅은 다른 분야의 마케팅과 단지 목적이 다를 뿐이다. 즉, '사회적 마케팅은 판매자의 이익이 아니라 대상 고객과 일반 사회의 이익을 위해 사회적 행태에 영향을 미치려고 노력한다.' 하지만 HSBC 사례처럼 두 가지를 함께 하지 못할 이유는 없다. 당신의 상품에 유용한 사회적 메시지를 통합하라.

지속가능경영 분야에서 두각 나타내기
stand out from the crowd

지속가능성의 원리를 사업의 모든 측면에 통합하면 할수록 지속가능경영 기업으로 변화하고 있음을 증명하는 것이 쉬워진다. 유기농법으로 생산된 포도주와 초콜릿 같은 친환경 상품을 기업 홍보물로 주거나, 종이 카드 대신 e-card를 보내서 당신의 활동을 탄소 상쇄적으로 하라. 한발 더 나아가 회사의 모든 상품에 환경적 가치를 부여하라. 환경적으로 지속가능한 공동체 개발을 선언한 미국 최초의 민간은행인 쇼어뱅크 ShoreBank Pacific 는 개인에 대한 저축 상품과 투자 상품뿐만 아니라, 환경 보전과 경제개발을 결합하는 개인과 공동체의 노력을 지원하는 대출 프로그램을 제공한다. 또한 쇼어뱅크는 대출자에게 사업의 가치를 높일 수 있도록 자연보존 기회의 확대에 대한 정보도 제공한다.

원인과 결과 보여주기
show cause and effect

이 익금의 일부를 훌륭한 목적으로 기부하는 것은 기업의 목적을 환경적 목표와 연계시키는 매우 비용 효과적인 방법 가운데 하나다.

"수익금의 일부를 ~에 기부합니다" 라는 단순한 문구는 가격, 품질, 모양, 맛, 이용성, 편의성 등 일반적인 주요 구매 척도가 설득적이지 않을 때 강력한 영향을 미칠 수 있다. 그렇지만 실제 기여하는 것보다 그 단체를 이용해 받는 혜택이 크다는 비판을 받을 수도 있다. 사업 운영을 통해 기업의 의도를 보완해서 그런 냉소를 피하도록 하고, 이익 대비 기부율에 대해 좀 더 솔직해지자.

포장재
the whole package

86

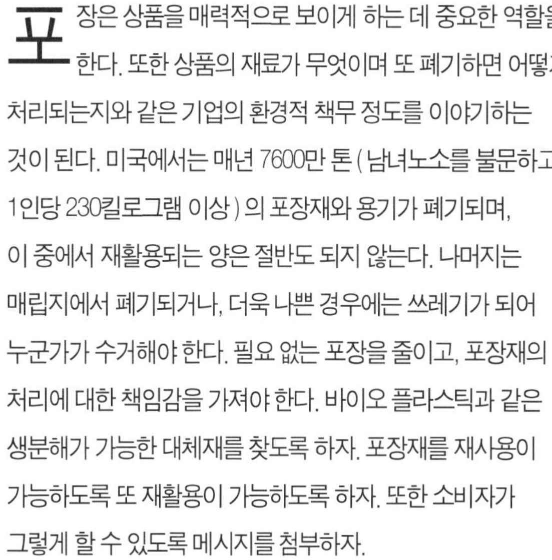

포장은 상품을 매력적으로 보이게 하는 데 중요한 역할을 한다. 또한 상품의 재료가 무엇이며 또 폐기하면 어떻게 처리되는지와 같은 기업의 환경적 책무 정도를 이야기하는 것이 된다. 미국에서는 매년 7600만 톤 (남녀노소를 불문하고 1인당 230킬로그램 이상) 의 포장재와 용기가 폐기되며, 이 중에서 재활용되는 양은 절반도 되지 않는다. 나머지는 매립지에서 폐기되거나, 더욱 나쁜 경우에는 쓰레기가 되어 누군가가 수거해야 한다. 필요 없는 포장을 줄이고, 포장재의 처리에 대한 책임감을 가져야 한다. 바이오 플라스틱과 같은 생분해가 가능한 대체재를 찾도록 하자. 포장재를 재사용이 가능하도록 또 재활용이 가능하도록 하자. 또한 소비자가 그렇게 할 수 있도록 메시지를 첨부하자.

진실성을 유지하는 것
keep it real

탄산음료에서 소프트웨어에 이르기까지 수십억 달러의 돈이 소비자의 기분을 좋게 만들어 브랜드의 인지도를 높이는 데 소비되고 있다. 이러한 판매 촉진 캠페인은 재미있을 수 있지만 또한 대단히 반어적일 수 있다. 원시 열대 우림의 유혹적인 이미지를 활용해 SUV차량을 판매하려는 것, 그림엽서처럼 아름다운 열도를 차용해 항공여행 상품을 판매하려는 것, 또는 북극 곰과 다른 멸종위기에 처한 야생생물을 내세워 전자제품을 판매하려는 유혹적인 이미지들 사이에서 나타나는 단절성을 생각해보라. 광고문에서 문자 그대로 사실을 기대하지는 않지만, 명백하게 뒤죽박죽인 메시지는 미디어에 정통한 소비자로부터 악평을 불러일으킬 수 있다. 정직한 단체에 투자하는 미래의 브랜드가 되도록 하자.

입소문 마케팅 돌파하기
beat the buzz

연구에 따르면 다른 어떤 형태의 마케팅보다 동료의 추천이 구매의사 결정에 큰 영향을 미치는 것으로 나타났다. 그리고 인터넷은 기업에 대한 개인의 견해를 가족이나 친지뿐만 아니라 수천, 수백만의 사람과 공유하게 해서 이러한 효과를 확대시키고 있다. 이것은 통계 조사에도 나타나는데, 18세에서 34세의 연령층이 55세 이상의 연령층보다 컴퓨터에 많이 의존한다. 제휴 마케팅 affiliate marketing 이나 입소문 마케팅 viral marketing 전략에 예산을 늘리는 것도 방법 중 하나겠지만, 진정한 해결책은 브랜드의 참된 강점인 진실성에 집중하는 것이다. 품질, 서비스, 평판은 판매를 지속가능하게 해준다. 회사의 평판 그 자체를 판매하도록 하자.

친환경 인쇄
ink spots

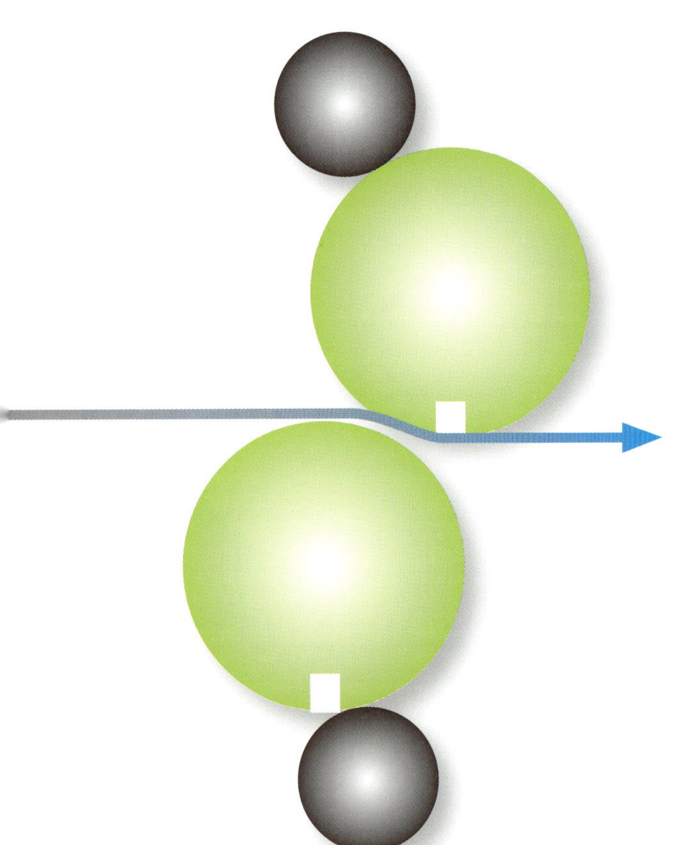

인터넷의 인기가 폭발적으로 높아지고 있지만, 많은 기업은 여전히 인쇄물을 활용해 광고하고 있다. 그러나 우편물의 반 정도는 개봉도 하지 않은 채 버려지고 있으며, 매년 매립지에서 처분되는 카탈로그와 광고 선전물의 양은 실로 엄청나다. 반드시 인쇄물로 마케팅을 해야 한다면, 해결책은 간단하다. 친환경적인 프린터를 사용하고 이와 동시에 생태친화적인 잉크와 종이를 요청하면 된다. 환경친화적인 인쇄에 대한 자세한 정보는 프린터의 국가환경지원센터 웹페이지 www.pneac.org 를 참조하면 된다.

예리한 통찰력
sharper vision

인쇄물과 벌목의 관련성은 비교적 명백하다. 그러나 전자 미디어도 마찬가지로 중요할 수 있다. 라디오, TV, 심지어 인터넷도 에너지 사용량이 많아서 기후변화에 한몫을 한다. 연구에 의하면 로스앤젤레스 지역의 대기오염은 정유산업에 이어 할리우드의 영화산업이 두 번째로 큰 영향을 미친다고 한다. 매체가 기업의 메시지를 훼손하지 않도록 확실히 할 필요가 있다. 상업 미디어는 광고비에 의존하며 종종 오직 광고비 수입만이 목적인 것처럼 보인다. 당신의 영향력을 활용해 좀 더 지속가능한 실천 방안을 장려하도록 하자. 최소한의 기준을 선정하고 향상된 성과를 널리 알리는 친환경적 미디어 정책을 수립하자.

〈 환경 위기에 대한 해결책을 고무시키기 위해서 사업을 활용해야 한다고 믿는다 〉

파타고니아 PATAGONIA 는 등산 장비를 생산하는 조그만 회사로 시작해 크게 성장했다. 경험이 많은 등산가인 이본 초이나드 Yvon Chouinard가 설립한 파타고니아에는 고산 등반에 대한 열정이 여전히 깊이 깃들어 있으며, 그 열정으로 야외활동을 위한 의복을 생산하는 세계적인 브랜드를 만들어냈다. 그러나 우리의 가치와 사업 실천은 여전히, 야외활동에 대한 깊은 경외심, 올바른 것을 행하려는 의식, 그리고 세계의 야생지역을 보호하는 임무를 맡고 산을 오르고 파도를 가르는 사람에 의해 시작된 기업의 염원을 반영하고 있다.

착상> 우리의 대담한 임무 선언은 최상의 상품을 생산하고, 이유 없는 해악을 (자연에) 입히지 않으며, 환경 위기에 대한 대책 마련을 고무하고 시행하는 데 기업을 활용하기 위한 것이다.

성과> 모든 단계에서 재활용 물질, 재생 목재, 물 절약 배관, 필요 없는 조명을 끄기 위한 자동센서를 사용해 건물이 환경에 미치는 영향을 최소화하려는 노력을 기울이고 있다. 본사에 있는 자체 태양열 발전소와 풍력 발전소는 에너지 공급에 도움이 되고 있다. 또한 연 매출액의 1%나 세전 이익의 10% 중 많은 부분을 민간 환경 조직에 기부하고 있다. 더불어 소비자에게 판매된 낡은 옷들은 재활용하기 위해 회수한다.

구성원> 물론 경영 성과의 이익을 근거로 직원들에게 연말 보너스를 지급하지만, 돈만을 위해 일하는 직원은 거의 없다. 또 직원들은 정상적인 보수를 받으면서 2개월간 환경단체를 위해 일할 수 있다.

공급자> 파타고니아는 취급하는 모든 면직물을 살충제를 사용하지 않은 유기 면으로 전환한 최초의 주요 소매 회사이며, 재활용된 음료수 용기로 원사를 만들어 양모처럼 짠 원단을 생산한 최초의 회사다.

정부> 정부가 대화를 이끌어갈 때까지 기다리지만은 않는다. 야외활동 산업 분야의 다른 기업을 북돋워주기 위해, 환경단체에 자금을 지원하기 위해, 그리고 환경 분야의 일에 보다 깊이 관여하기 위해 1989년 보전연합 The conservation Alliance을 공동 창설하였다.

비용> 오랜 기간 업계에서 독불장군으로 인식됐던 설립자 초이나드는 올바른 일이었기 때문에 내린 결정이 회사에 경제적인 도움을 준 사실을 알게 되었다.

혜택> 초이나드는 30여 년간 업계에 종사하면서 중요한 가치를 지켜나간 것이 자랑스럽고 일하기 좋은 회사를 만드는 데 도움이 되었다고 말한다. 가능한 한 최선의 상품을 만들고자 애쓴 회사의 노력이 시장에서 파타고니아의 성공을 가져왔다.

착상> 매년 파타고니아는 다양한 환경 캠페인에 도전한다. 한 예로 남극의 국립야생보호지역에 있는 600억 평방미터에 달하는 해안평야를 야생지역으로 지정해 보호한 것 등을 들 수 있다.

도전> 초이나드는 기업의 모든 행위가 궁극적으로는 오염 원인이 된다고 인식하고 있다. 파타고니아는 상품, 공정, 시설에서 오염을 저감하기 위해 부지런히 일하고 있다. 미래에 개발해야 할 것 중의 하나는 완벽히 그리고 끝없이 재활용할 수 있는 인조섬유로 옷을 만드는 기술을 개발하는 것이다.

미래의 전망> 파타고니아의 장기적 목표는 파타고니아가 생산하는 모든 것에 대한 환경적 책임을 지는 것이다.

출처: www.google.org

친환경 산업 green business

자연적 장점
natural advantage

91

기업은 지구 자원을 개발해 더욱 편안한 생활을 도모하면서 언제나 자연으로부터 이익을 창출해왔다. 자원이 무한한 것인 줄 알았을 때는 자연을 '길들이는 것'이 괜찮은, 또 필요한 것으로 보였으나, 이제 자연에 대한 정복은 빈 껍데기뿐인 승리가 되고 있다. 타치 기우치 Tachi Kiuchi와 빌 셔만 Bill Shireman이 저술한 〈우림 지역에서 우리가 배운 것 What We Learned in Rainforest〉에서처럼, 자연의 참된 가치는 물리적 자원을 개발하는 데 있는 것이 아니라 우리에게 교훈을 주는 것에 있다. 여기에 학습의 중요성이 있다. 생물학자인 앨런 윌슨 Allan Wilson 의 조류에 대한 연구에서 힌트를 얻어보자. 혼자서 하지 말고 함께 협력해 학습 조직을 만들어라. 당신의 팀 내부에 그리고 회사 전반적으로, 정보와 새로운 기술의 공유를 권장하는 문화를 만들어야 한다.

유기적 성장
organic growth

사람들은 종종 조직이 윤활유가 잘 칠해진 기계처럼 운영될 수 있다고 생각하지만, 그건 목표를 너무 낮게 설정한 것이다. 사회를 기계에 비유하는 은유법은 세계가 시계의 태엽처럼 작동한다는 우주관에서부터 진부한 사업 관리 방법에 이르기까지 아직도 남아 있다. 이렇게 사회를 기계에 비유하는 것은 이전에는 분명히 유용했지만 이제 고루한 것이 되고 있다. 우리는 지금, 기업과 경제 전체를 생물 유기체로 이해하고 있다. 즉, 기능적이고 안전한 완전성을 생산해내기 위해 상호작용하는 생물의 역동적이고 상호의존적인 시스템으로 받아들여야 한다. 에너지를 개발하고 생산하는 다국적기업인 쉘 Royal Dutch/Shell 의 전임 국제기획 책임자 가우스 Arie de Geus가 말한 것처럼 조직은 이성적이지 않다. 조직은 기계가 아닌 사람들로 구성되어 있다는 점을 감안해 정책 · 구조 · 시스템을 조정함으로써 기업 효율성 향상을 추구해야 한다.

공생
symbiosis

사회 전체에 기여하기 원한다면, 이를 이루는 공동체의 필요를 먼저 채워야 한다. 기업은 경영자, 직원, 공동체 사회 등 구성요소 사이의 긍정적인 상호작용에 의존한다. 기업은 오직 소유자의 이해만을 충족시키기 위해 존재한다(회사법에 정의된 것처럼 이것은 관련자에게 신탁의무를 부과한다)는 생각은 극단적으로 파괴적이다. 원래 유한책임이라는 법적 특권은 공공의 이익을 위해 일한다고 간주된 기업에만 부여되었다. 이제 그 생각으로 다시 돌아가고 있다. 친환경 기업은 이윤을 목적을 달성하는 데 필요한 수단으로 생각하지, 목적 그 자체로 생각하지 않는다. 경제적 · 사회적 · 환경적 성과인 세가지 주요 분야 triple-bottom-line를 측정한 설명 자료와 함께 당신 기업의 전반적인 기여도를 보여주도록 하자.

위기 관리
risk-aversion

자연은 공생으로 정의된다. 공생은 비교적 안정되고 지속가능한 관계로 함께한 종 사이의 친밀한 관계다. 심지어 기생충도 보통 숙주를 죽이지는 않는다. 이는 그 기생충 자체의 생존을 위험에 빠뜨리는 일이기 때문이다. 그들은 미래 세대의 요구 충족 능력을 저하시키지 않으면서도 현 세대의 요구를 충족시킨다.[6] 그래서 장기적인 영속을 목표로 하는 기업은 현재의 위험성을 피한다. 물론 오늘 올바른 일을 실행하는 것이 양심의 문제라는 것도 알고 있다. 미래에 초래될 결과를 생각하지 않으면 궁극적으로 재앙이 초래된다. 기업 활동에 대한 소송이 이제 수십 년 전의 일까지 문제 삼고 있음을 볼 수 있다. 〈에린 브로코비치 Erin Brockovich〉라는 영화를 생각해보라. 단지 다음 분기나 내년이 아니라 먼 미래를 향한 계획을 세워야 한다. 보험료도 낮아지고 보다 전략적인 기업으로 이끌어줄 것이다.

		2007	2008	2009	2010	2011
2012	2013	2014	2015	2016	2017	2018
2019	2020	2021	2022	2023	2024	2025
2026	2027	2028	2029	2030	2031	2032
2033	2034	2035	2036	2037	2038	>>

6: 역자 주 - 이것은 지속가능성의 정의다.(Brundtland, 1987) They meet the needs of the present without compromising the ability to meet needs in the future.

95

상호주의
mutualism

만일 세대 간의 형평성으로 알려진 미래 세대에 대한 공평한 처우가 환경적 지속가능성을 전제로 한다면, 현재 세대를 공평하게 대우하는 것도 마찬가지다. 부유한 20%가 세계 자원의 80%를 소비하는 것은 부당한 일이다. 사회적인 지속가능성 없이는 환경적 지속가능성도 있을 수 없다. 친환경 산업에 동참하려면 이 두 가지에 모두 헌신해야 한다. 영국에 기반을 둔 중대 현안을 위한 기금 Big Issue Foundation 이나 시애틀의 참된 변화 신문 Seattle's Real Change 을 생각해보자. 이들은 노숙자에게 직업을 알선해 수입과 고용 기회를 준다. 또 그라민 은행 Grameen Bank 은 무담보 소액 대출 제도를 운영하고 있다. 이것은 일반 은행에서는 신용 위험 때문에 받아들일 수 없는 극빈자에게 제공하는 소액 대출 제도다. 10달러밖에 안 되는 적은 대출금을 가지고도 소규모로 자신의 사업을 시작할 수 있다. 불평등의 간극을 좁히는 데 당신의 회사가 어떻게 기여할 수 있을지 깊이 생각해봐야 한다.

96

생물 모방
biomimicry

자연은 천재적인 디자인의 보고다. 거미는 높은 강도의 섬유인 케블러 kevlar보다 더욱 튼튼하고 신축성 있는 물질을 상온에서 생산한다. 벌의 연비는 꿀 3.8 리터당 1100만 킬로미터가 넘는다. 이 두 생물은 생태계에 중요한 역할을 하고 있다. 자연의 디자인과 과정을 모방하는 것은 인간공학은 물론 유독하지 않은 강력접착제의 생산에서부터 다발성 경화증의 치유에 이르는 의학 기술 등 문제 해결을 위해 과학과 산업 분야에 널리 사용된다.

재생 가능하지 않은 자원이 점점 고갈되고 채굴 비용이 증가함에 따라, 생화학은 인간의 문제에 대한 지속가능한 해결책의 열쇠가 된다. 자연을 모델로 사용하는 사례는 www.biomimicry.net를 참고하면 된다. 영감을 떠올리게 해주고, 미래 경제 부흥의 성패가 달려 있는 데이터베이스인 자연의 보전을 돕자.

혁신
innovation

희소함에서 풍요를 창조하는 것이 자연 시스템의 특징이다. 지표면의 10%도 되지 않지만 지구에 존재하는 동식물종의 거의 절반의 고향인 열대우림지역의 풍요로움을 생각해보자. 열대우림의 풍부한 생물다양성은 토양의 비옥도와는 무관하다. 농부들이 숲을 벌채하고 단일종으로 작물을 재배한 후에 불운을 맞이한 것처럼, 사실 열대우림의 토질은 매우 나쁘다. 그 지역의 동식물은 자원을 찾아서 땅 밑을 바라보기보다는 땅 위를 바라보며 살아왔다. 이 사실이 기업에 주는 교훈은 풍부한 자원에 의존하기보다는 학습하고 적응하는 것이 풍요의 참된 근원이라는 것이다. 그렇기에 교육 훈련과 함께 연구 개발에 투자해야 한다. 이를 통해 당신의 가장 무한한 자원인 지능과 혁신이라는 가치를 발견하라.

Photo: Tim Wallace

보전

conservation

자연에서는 아무것도 그냥 버려지지 않는다. 달리 말하자면 모든 폐기물은 다른 생물의 먹이가 된다. 식물이나 동물이 먹히거나 죽으면, 그것은 다른 생물이 먹는 자원으로 변화한다. 예전에는 이 과정을 먹이사슬이란 용어로 설명했는데, 이는 종종 지금도 기업 과정에 적용되는 선형 다이어그램의 개념이다. 하지만 먹이사슬이란 개념은 이미 오래전에 과학자들에 의해 먹이그물 또는 네트워크란 개념으로 대치되었다. 왜냐하면 가장 효과적인 방법을 사용해 음식 자원을 그 시스템으로 되돌려주는 한층 복잡한 상호작용을 인식했기 때문이다. 혁신적 기업도 생산 사이클로 물질을 되돌려주는 방법을 찾아서 가치를 극대화하는 유사한 경로를 따른다. 맥주 용기를 일회용 철제 제품에서 알루미늄으로 바꾸는 운동을 이끈 빌 쿠어 Bill Coors가 말하듯이, 모든 오염물질이나 폐기물은 잃어버린 이윤이다. 건강한 재무제표를 만들기 위해 선형적인 생산과정을 자연에서 영감을 얻은 순환 고리로 바꾸어야 한다.

all waste is lost profit

자발적인 조직
self-organization

99

자연은 분산된 권력 구조에서 번창한다. 종종 효율적인 위계 기업의 표본으로 간주해온 수벌, 일벌, 여왕벌로 구성된 벌집을 생각해보자. 사실 벌들은 기업의 소유 및 경영 구조 governance에 또 다른 교훈을 남긴다. 합의에 의해 다양한 의사결정을 하는 벌집은 위계적이면서도 민주적이다. 예를 들면 벌들은 분봉을 하려고 할 때 정찰병을 내보낸 후에 어떤 의견을 따를지에 대한 '전자' 투표를 실시한다. 정치에서부터 전자 그리드, 인터넷에 이르기까지 효율적인 인간 시스템 또한 분산된 권력 구조에 근거하고 있다. 브라질의 셈코 Semco 나 미국의 스프링필드 Springfield 재생품과 같은 기업은 '투명 경영' 과 소유권 및 관리권의 공유를 시도한 성공 사례다. 비록 힘들고 극복할 것이 있더라도 자발적인 권한을 부여하는 것이 사업 성공을 위해 좀 더 생산적인 길이다.

협력
cooperation

우 리는 보통 기업 활동이 온통 경쟁뿐이라고 생각한다.
또한 자연도 마찬가지로 전체에 의한 전체와의
전쟁이라고 생각한다. 하지만 자연은 경쟁적임과 동시에
협력적이다. 〈소우주 Microcosmos〉에서 린 마구리스 Lynn
Margulis와 도리슨 사간 Dorion Sagan이 언급했듯이, 생명이
지구를 점령한 방법은 전쟁에 의해서가 아니라 네트워크를
통해서다. 생물종은 자신만의 적절한 역할을 찾거나 다른
종에 유용하게 되는 분화를 통해 번성한다. 즉, 전체 생태계를
위해 봉사하는 것이 결국 자기 자신에게 도움이 되는 것이다.
경쟁과 협력을 조화시키는 자연의 능력에서 친환경 산업의
힌트를 얻는다. 특히 내부적으로는 협력적 접근 방법이 좀
더 생산적이고 건전하다. 지도력, 자원, 정보를 공유하자.
사람들에게 꽃을 피우게 하면 기업은 열매를 수확할 것이다.

〈 자연의 원리를 활용한 디자인은 훨씬 기능적이고 아름다우며 가치가 더욱 크다 〉

인터페이스 INTERFACE 는 세계에서 가장 큰 상업 및 카펫 제조업체이자 산업생태학의 선구자로 널리 인식되고 있다. 인터페이스의 직원은 약 4800명이며 매출액은 약 1억1000달러다. 우리의 비전은 2020년까지 환경 회복을 목표로 삼으며, 세계 최초의 진실한 지속가능 기업이 되는 것이다. 다음은 아시아태평양 부문의 회장 **로버트 쿰베스** Robert Coombes 와 인터뷰한 내용이다.

착상> 회장이자 창업자인 레이 앤더슨 Ray Anderson은 폴 호켄 Paul Hawken이 저술한 〈비즈니스 생태학 The Ecology of Commerce〉에서 영감을 받아 지속가능성을 향한 길을 열었다.

성과> 탄소발자국을 1/3 감축했고, 상품과 공정에 생물 모방 biomimicry 을 채택했으며, 확실한 생산자 책임 프로그램을 개발했다. 이 프로그램을 다른 기업과 공유해 영향력이 커졌다.

관리> 사람들이 지속가능한 기업이 더 경쟁력 있고 이윤을 많이 창출할 수 있다는 기본적 전제를 이해하기까지는 저항이 있을 수 있다.

구성원> 돈을 버는 방법에도 신중하기 때문에, 우리를 위해 일하고 싶어한다. 그렇기에 우리 회사는 이직률이 낮다.

공급자> 내재된 환경문제를 해결하는 데 도움을 주는 공급자에게 더 많이 구매한다는 것이 우리의 조달 정책이다. 우리의 지속가능경영 원칙을 따르는 공급자에 대한 구매율을 높이고 있다.

가격> 상당한 시간과 에너지를 투자하지 않고서는 마음의 변화를 이끌어낼 수 없다. 우리는 실천을 통해 배웠고, 그 성공적인 결과가 사람들을 지속가능경영의 여정으로 합류시켰다. 광역적인 교육 프로그램이 토대가 되었고, 달성된 결과는 더 큰 발전을 위한 설득과 열정을 불러일으켰다.

혜택> 낮은 가격, 더 나은 상품, 높은 품질, 더욱 헌신적인 직원, 그리고 지속가능한 발자국을 구현하는 것을 더 잘 도와줄 수 있는 공급자를 찾는 고객. 자연의 원리를 활용해 고안된 상품은 훨씬 더 기능적이고 심미적으로도 뛰어나다. 자연의 원리에 가까워질수록 더 큰 가치를 갖게 되는 것이다. 자연의 원리에 순응하지 않는 기업은 궁극적으로 실패할 것이다. 자연이 그렇게 하기 때문이다. 또 그런 일이 일어나기 전에 소비자가 먼저 등을 돌릴 것이다.

착상> 지속가능성을 옹호하는 인재들이 회사 곳곳에 배치되어 있어 나머지 직원들이 잘할 수 있도록 이끈다. 사람들이 책임감을 갖고 자신만의 프로젝트를 개발하기를 격려한다. 회사 지점과 조직에 대한 탄소 발자국의 지속적인 측정은 잘하려고 하는 긍정적이고 경쟁적인 동기 부여에 박차를 가하는 데 도움이 되었다.

도전> 지속가능성을 향한 여정은 머나먼 것이고 속도를 유지하기도 쉽지 않다. 여전히 우리 기업 내부에는 기업의 철학이 잘 시행되지 않는 부분도 있고 업무 개선이 불완전한 곳도 있다. 관리자들은 지속가능성에 대한 기업 정신을 제대로 공유하고 늘 마음속에 중요하게 간직하고 있어야 한다.

도움말> 1) 위에서 시작해야 한다. 지도층이 헌신적이지 않으면, 근본적으로 아무것도 변하지 않는다. 2) 낮은 단계에 집중해야 한다. 특효약은 없다. 잘 완수된 모든 사소한 단계도 쌓이면 큰 것이 된다. 3) 폐기물 관리에서 시작하라. 소비자가 기꺼이 대가를 치르려고 하지 않는 부분은 제거하라. 이렇게 하면, 다른 지속가능성 이니셔티브에 투자할 능력과 함께 한층 효율적인 기업을 만들 수 있다.

참고 resources

웹사이트

탄소 발자국 측정기	탄소 발자국	www.carbonfund.org
	탄소 계산기	www.americanforests.org
	생태 발자국	www.myfootprint.org
	에너지 계산기	www.eere.energy.gov/consumer/calculators
물	물 절약에 관한 팁	www.h2ouse.net
	워터센스	www.epa.gov/watersense
	물의 현명한 사용	www.wateruseitwisely.com
에너지	에너지 절약에 대한 연합	www.ase.org/consumers
	에너지 절약	www.energysavers.gov
	에너지 스타	www.energystar.gov
	재생가능한 에너지 연합	www.gree-e.org
	에너지는 당신 손 안에	www.powerisinyourhands.org
	효율 및 재생가능한 에너지 US DOE	www.eere.energy.gov
집과 정원	살충제 남용에 반대하는 연합	www.beyondpesticides.org
	생태적으로 친근한 페인트	www.eartheasy.com
	토착식물에 의한 경관 US EPA	www.epa.gov/greenacres
	살아 숨쉬는 정원	www.gardensalive.com
	정원사가 필요로 하는 것	www.gardeners.com
	집의 보전에 관한 충고 US DOA	www.nrcs.usda.gov/feature/backyard
새로운 집	생태적으로 친근한 집	www.build-e.com
	인증된 임산물협의회	www.certifiedwood.org
	친환경 건축용품	www.environproducts.com
	친환경 홈 센터	www.environmentalhomecenter.com
	미국 단열재 생산협회	www.naima.org
	미국 그린빌딩협의회	www.usgbc.org
디렉토리 서비스	인바이로링크 네트워크	www.envirolink.org
	친환경 전화번호부	www.greenpages.org
	국가 환경 다이렉토리	www.environmentaldirectory.net
	소비자를 위한 친환경 삶	www.thegreenguide.com
직장	컴퓨터 재활용	www.computerrecyclingdirectory.com
	나무 보전	www.conservatree.com
	사무실 탄소 발자국 계산기	www.thegreenoffice.com
	절감	www.reduce.org

	사무실 폐기물 절감	www.filebankinc.com/reports/reduction_tips.htm
	참된 지구 (주)	www.treeco.com
환경 라벨링	에코 라벨	www.eco-labels.org
	전자제품의 환경성 및 평가 방법	www.epeat.net
	에너지 스타 평가체계	www.energystar.gov
	지구적 에코 네트워크	www.gen.gr.jp
	'그린 실' green Seal 이 인증된 청소제품과 종이상품	www.greenseal.org
	NSF 인터내셔널 (인증체계)	www.nsf.org
	트랜스에어 USA	www.transfairusa.org
지역 라벨링	전미 지역 재활용 프로그램	www.earth911.org
	NSF의 재활용 가이드	www.nsf.org/consumer/recycling
재활용 (컴퓨터)	지구 911	www.earth911.org
	전자제품산업 협의회	www.eiae.org
재활용 (전화기)	국제적 공유재산	www.collectivegood.com
	자선 재활용 프로그램	www.charitablerecycling.com
	재생 (이동전화기)	www.recellular.com
	재생 (무선전화기)	www.wirelessrecycling.com
	무선전화기 파운데이션	www.wirelessfoundation.org
투자	최초의 긍정적인 재정 네트워크	www.firstaffirmative.com
	그라민 Grameen	www.grameen-info.org
	진보적인 자산관리	www.progressive-asset.com
	사회적 기금 (SRI 세계그룹 (주))	www.socialfunds.com
	사회적 투자 포럼	www.socialinvest.org
음식	편안한 지구 Earth Easy	www.eartheasy.com
	평등한 교환	www.equalexchange.com
	친환경 식당업협회	www.dinegreen.com
	해산물 연합회	www.seafoodchoices.com
	트랜스에어 USA	www.transfairusa.org
	자연식품 시장	www.wholefoods.com
쇼핑	친환경 페이지 Co-op America	www.coopamerica.org/pubs/greenpages/
	지구의 동물	www.earthanimal.com

웹사이트

	에코 몰 - 친환경 쇼핑센터	www.ecomall.com
	지구적 교환 (공평한 거래)	www.globalexchange.org
	지구를 위한 1%	www.onepercentfortheplanet.org
	전문 세탁업자 네트워크	www.tpwn.net
	합리적인 쇼핑	www.responsibleshopper.org
	재사용 가능한 쇼핑 백	www.reuseablebags.com
운송	기후변화와 환경예측을 위한 센터	www.climate.dot.gov
	자동차 정보 (운행거리, 하이브리드)	www.fueleconomy.gov
	미국 전기차량협회	www.evaa.org
	자동차와 트럭에 대한 친환경 가이드	www.greenercars.com
	교통연감 (에너지, 공해)	www.bicycleuniverse.info
아이들을 위하여	큰 발	www.kidsfootprint.org
	좋은 기후를 위한 좋은 아이	www.coolkidsforacoolclimate.com
	지구꼬마들 911	www.earthkids911.org
	물 사용량 911	www.ga.water.usgs.gov/edu/sq3.html
지속가능한 생활방식	미국의 숲	www.americanforests.org
	나무 보전	www.conservatree.org
	편안한 지구 Earth Easy	www.eartheasy.com
	지구 911	www.earth911.org
	숲 가꾸기협회	www.fsc.org
	푸른 지구	www.greenglobe21.com
	국가 식목일 파운데이션	www.arborday.org
	국립공원보전협회	www.npca.org
	미래를 위한 나무	www.treesftf.org
	미국 친환경건물협의회	www.usbg.org
시민단체와 조직	에너지 효율적인 경제를 위한 미국협의회	www.aceee.org
	푸른바다협회	www.blueocean.org
	인증된 인도적 Certified humane	www.certifiedhumane.com
	아동보건 환경연합회	www.checnet.org
	지구 지키기 Earthshare	www.earthshare.org
	환경보호기금	www.environmentaldefense.org
	환경성 US EPA	www.epa.gov
	환경을 위하여 일하는 모임	www.ewg.org
	지구의 친구	www.foe.org
	미국 그린피스	www.greenpeace.org

	이상주의자	www.idealist.org
	해양관리협회	www.msc.org
	자연자원보호협회	www.nrdc.org
	열대우림 행동 네트워크	www.ran.org
	발전의 재정의	www.rprogress.org
	로키 마운틴 연구소	www.rmi.org
	사회적 판매 연구소	www.social-marketing.org/index.html
	지구 온난화 중단	www.stopglobalwarming.org
	보호기금	www.conservationfund.org
	지연보전위원회	www.nature.org
	해양보전위원회	www.oceanconservancy.org
	월드워치 연구소	www.worldwatch.org
	세계자원 연구소	www.wri.org
	세계야생동물기금	www.wwf.org.
미디어	환경에 관련된 잡지	www.emagazine.com
	지구정책연구소	www.earth-policy.org
	환경현안 뉴스레터	www.environment.about.com
	환경보건 뉴스	www.environmentalhealthnews.org
	환경뉴스 네트워크	www.enn.com
	곡물잡지	www.grist.org
	나무 가꾸기	www.treehugger.com
정부기관	미국 환경성 기후 리더	www.epa.gov/climateleaders
	물품교환 정보	www.epa.gov/jtr/comm/exchange.htm
	에너지스타 프로그램 (미국 환경성)	www.energystar.gov
	폐기물 관리 프로그램 (미국 환경성)	www.epa.gov/epaoswer/non-hw/reduce/wstewise
	국가 유기물 프로그램 (미국 농림부)	www.ams.usda.gov/nop
	물의 현명한 사용	www.epa.gov/watersense
정부기관	온실가스협약	www.ghgprotocol.org
	기후신탁은행	www.climatetrust.org
구매	'그린 실' Green Seal	www.greenseal.org
	재활용상품 공급자	www.epa.gov/epaoswer/non-hw/procure/database.htm
탄소 상쇄	탄소기금	www.carbonfund.org

용어

생분해성 biodegradable
미생물에 의해 자연으로 되돌아갈 수 있는 무해
물질로 분해될 수 있는 성질

생물다양성 biodiversity
생태계 공동체 내의 또는 생태계 공동체 간의
다양성을 포함한 지구상의 모든 생물

바이오 연료 biofuel
재생 가능하거나 재활용된 원료로 만든, 탄소
배출량이 적은 석유 대체물질. 바이오 연료인
에탄올은 곡물과 사탕수수로 만들 수 있고,
바이오 디젤은 식용유나 동물 폐기물로 만들 수
있다.

생태 모방 biomimicry
상품과 상품화 과정의 디자인에 생물적
해결책을 흉내 내는 것

생태 습지 bioswale
공공유역에 유입되기 전에 빗물을 모으거나
실트와 오염물질을 걸러내도록 설계된 조경
요소. 바이오 습지

탄소 발자국 carbon footprint
개인이나 조직, 행사, 제품으로 인해서 직접,
간접적으로 발생된 온실가스 배출물의 총량.
대개 연간 배출된 톤수로 측정한다.

탄소 중립 carbon neutral
온실가스 발생량을 감축하거나 재생에너지를
이용한 발전이나 식재와 같이 이를 상쇄하는
계획을 세워서, 온실가스 순 배출량을 0으로
하는 것

탄소 분리 carbon sequestration
대기의 탄소를 저감하는 공정. 배기가스에서
탄소를 제거해 지하에 저장하는 등 다양한 분리
방법이 검토되고 있다.

탄소 침적 carbon sink
온실가스나 에어로졸을 대기에서 제거하는
모든 메커니즘. 바다, 나무, 토양은 모두 탄소
침적지다.

탄소 거래 biodegradable
'탄소 배출권'을 사고 팔게 해 탄소 감축을
장려하는 시장. 탄소를 다량 배출하는 기업은
추가적인 배출량을 구매해야 감축 의무를
달성할 수 있다. 유럽과 미국에는 탄소 거래
시장이 잘 발달되어 있다.

기후변화 climate change
지구 온난화의 결과 발생한 지구 기후 상태의
변화. 과학적인 합의는 온난화와 인간 활동에
의해 대기로 추가되는 추가적인 이산화탄소 및
다른 온실가스의 관련성이다.

기업의 사회적 책임
corporate social responsibility

회사의 소유 구조와 무관하게 모든 기업은
소비자, 직원, 광의의 공동체에 대한 책임이
있다고 하는 개념. 선량한 기업 시민이라는
개념은 모든 법을 준수해야 한다는 의무
이상으로 확장된다.

요람에서 요람까지 cradle to cradle
상품을 효과적으로 디자인하고 생산하면, 생산
및 처분 과정에서 지구에 혜택이 될 수 있음을
목표로 해, '요람에서 무덤까지' 라는 용어로
확장된 것

다이옥신 dioxin
인간과 생태계에 축적되어 독성효과를 일으키는
유기화합물 그룹의 속칭. 가장 많이 연구된
다이옥신의 출처는 에이전트 오렌지라고 하는
제초제의 생산과정 그리고 제지 과정에서
목재펄프를 염소로 표백하는 과정이다.

환경 감사 environmental audit
단체의 활동에 따른 환경영향의 평가

윤리적 투자 ethical investment
경제적 이익과 함께 환경적 사회적 평가를
통합한 여러 가지 투자전략. 사회적으로 책임
있는 투자라고도 한다.

전자 폐기물 e-waste
휴대전화기, 컴퓨터, DVD 플레이어, 전선과 같은
폐기된 전자제품

생산자 책임 재활용 제도
extended producer responsibility

상품에 대한 생산자의 책임은 상품이 소비되고
난 이후까지도 확장된다는 정치적 접근

온실가스 감축 greenhouse abatement
온실가스 배출의 저감에 기여하는 활동

친환경 에너지 green power
화석 연료를 사용할 때와 같이 대기오염 물질을
배출하지 않고, 재생가능한 수력, 풍력, 태양력
발전과 같은 것으로부터 발전된 전력

고옥탄가 연료 high-octane fuel
연소 시 더 많은 에너지를 발생시키는 가솔린
구조. 일반 유류에 비해 이의 정련은 유황의
양을 상당히 저감해 배기가스가 상대적으로
깨끗하다. 이에 따라 엔진의 힘도 크고 연료
소모량도 낮다.

하이브리드 엔진 hybrid engine
석유와 전기모터를 결합한 엔진. 차량이 정지할
때의 에너지를 저장해 연료 소비를 크게
절감한다.

세대 간의 형평성 intergenerational equity
미래 세대를 공평하게 다루는 것

교토의정서 Kyoto Protocol
1999년 교토에서 열린 기후변화에 관한 유엔
회의에서 채택된 지구온난화와 이산화탄소
배출 목표에 대한 국제협약.
미국과 오스트레일리아만 아직도 이를 비준하지
않고 있다.

매립식 쓰레기 처리 landfill
폐기물을 토양층에 묻는 것

환경전과정평가 life-cycle assessment
원료 및 에너지의 소비, 오염물질과 폐기물의
발생 등 생산 • 유통 • 폐기의 전 과정에 걸쳐
환경에 미치는 영향을 분석하는 것

메탄 methane
이산화탄소보다 온실가스 효과가 23배나 큰
가스. 메탄의 자연적인 생산 경로는 화산을
포함해 습지, 흰개미, 해양 등이고, 인위적인
생산 경로는 위장에 가스가 찬 가축의 사육
그리고 매립지에 매립된 유기물질의 분해
등이다.

유기 organic
화석연료로 만든 비료, 화학 살충제, 유전자 변형
곡물을 사용하지 않고 생산된 제품

플라스틱 코드 plastic code
상품이나 포장재에서 가장 일반적인 플라스틱
유형을 식별하는 번호. 이론적으로는 1에서 7
까지 번호가 지정된 모든 플라스틱을 재활용할
수 있으나 실제로는 그렇지 않은 경우가 많다.

1: PET (PolyEthylene Terephalate), 2:
HDPE (High Density Poly Ethylene), 3:
UPVC or PPVC (Unplasticized PolyVinyl
Chloride or Plasticized PolyVinyl
Chloride), 4: LDPE (Low Density
PolyEthylene), 5: PP (PolyPropylene),

6: PS or EPS (PolyStyrene or
Expandable PolyStylene), 7: 기타 (나일론,
아크릴 등)

RCP recycled content product
재활용 성분을 포함한 상품. 소비되기 전에
재활용된 성분 (작은 조각, 잔가지, 생산공정에서
남겨진 원료)이나 소비된 후에 재활용된 성분을
포함한 제품

지속가능성 sustainability
미래의 필요를 충족시키는 능력과 타협하지
않고 현재의 필요를 충족할 수 있는 능력

축열체 thermal mass
열 에너지를 흡수하고 저장할 능력을 지닌
구조물. 이것은 건물 사용자에게 보다 편안함을
주고, 인공적인 냉난방의 필요성을 줄여준다.

휘발성 유기화합물 VOC
volatile organic compound

상온에서 휘발되어 대기로 유입되는 화학물질.
실외의 주요한 휘발성 유기화합물 원인물질은
나무다. 실내의 주요한 휘발성 유기화합물 원인
물질에는 페인트, 세탁제재, 석유화학물질로
만든 가구가 있다.

폐기물 관리 waste management
물질효율, 폐기물 감량, 버려진 물질을 회수하고
재사용해 매립지로 향하게 될 폐기물의 양을
저감시키는 활동

'세계를 깨끗하게 Clean Up the World'에 관하여

'호주를 깨끗하게 Clean Up Australia' 와 국제적 캠페인인 '세계를 깨끗하게 Clean Up the World' 는 'True Green'의 설립자인 킴 매케이 KIM MICKAY 와 이안 키에난 Ian Kiernan (전설적인 요트 애호가로 1994년 올해의 호주인으로 선정된 사람) 이 공동으로 설립하였다.

'세계를 깨끗하게' Clean Up the World 는 국제연합환경계획 UNEP 과 제휴한 공동체에 기반한 환경 캠페인으로, 공동체가 지역환경을 깨끗하게 하고 친환경적으로 개선하며 보전하는 활동을 지원한다. 현재 3500만 명 이상의 자원봉사자가 참여하고 있다.

단체가 설립된 지 15년이 지난 지금, 세계 120개국에서 자기의 공동체 및 환경을 개선시키는 성공적인 활동 프로그램이 되었다.

지구를 위한 활동에는 폐기물 수집, 교육 캠페인, 환경 콘서트, 창조적 경쟁, 그리고 수질 개선, 식재, 폐기물 최소화, 온실가스 감축, 재활용센터의 설치 등과 같은 다양한 전시 활동이 포함된다.

참가자들은 국가 전체, 공동체와 환경단체, 학교, 정부 부처, 기업, 소비자와 산업단체에서부터 후원인, 그리고 각자의 지역 공동체에서 독립적으로 활동하거나 지방적 또는 국가적 수준에서 다른 단체와 협동하는 헌신적인 개인 등 매우 다양하다.

당신의 공동체, 기업, 또는 조직이 참여할 수 있는 방법을 찾으려면 '세계를 깨끗하게' 홈페이지 www.cleanuptheworld.org 를 참고하면 된다.

> "지난 15년간, '세계를 깨끗하게'는 개개인에게 그들의 환경을 보살피도록 권한을 부여하였다. 자원봉사자의 활동은 상당한 성공을 거두었고 또 앞으로도 그러할 것이다. 그러나 지금은 다음 단계로 나아가서 기후변화, 폐기물 및 물과 관련된 주요 분야에서 우리에게 당면한 중대한 환경 위험을 다루어야 할 때다."
>
> 이안 키에난 Ian Kiernan, AO
> Clean Up the World의 의장 및 설립자

킴 매케이 **Kim McKay** (오른쪽) 는 국제적인 사회 마케팅 분야 컨설턴트이며, '호주를 깨끗하게 Clean Up Australia' 와 '세계를 깨끗하게 Clean Up the World' 의 공동 설립자이자 의장이다. 국제적인 사회 마케팅 컨설턴트이며 내셔널 지오그래픽도 그녀의 고객 중 하나다.

제니 보닌 **Jenny Bonnin** (왼쪽) 은 국제 브랜드 및 커뮤니케이션 전략가이며, '호주를 깨끗하게'와 '세계를 깨끗하게'의 이사다.

그들의 이전 저서인 〈트루 그린: 지구를 건강하게 하기 위한 100가지 방법 True Green: 100 Every Ways You Can Contribute to a Healthier〉은 2006년에 호주, 2007년에 미국에서 출간되었다.

공동저자
팀 월리스 **Tim Wallace** 는 기업 저널리스트로 ecologicmedia.com의 편집인을 맡고 있다. 호주 파이낸셜 리뷰, AFR 보스 매거진, 시드니 모닝 헤럴드, 에이지에서 근무했으며 디플로매트 매거진에서 기업 현안에 대해 기고했다.

디자이너
마리안 카이트 **Marian Kyte** 는 지속가능성 원리를 작품에 반영하는 열정을 지닌 프리랜서 디자이너다. 그녀의 고객으로는 콴타스, 크래프츠먼 하우스 북, 파워 출판사, 셔만 갤러리, 아트 & 오스트레일리아, 라임라이트 매거진, 트루 그린이 있다.

true green @ work

친환경 일터를 만드는 100가지 지혜

지은이	Kim McKay, Jenny Bonnin
펴낸이	이종태
펴낸곳	(주)퍼시스 퍼시스북스
편집	Design Factory IMC

등록	2006년 3월 16일 제2006-18호
주소	서울시 송파구 오금동 45-1 퍼시스 빌딩
전화	02-3400-6387

홈페이지	www.fursys.com
e-mail	workplace@fursys.com

1판1인쇄	2010년 04월 01일

ISBN	89-957981-4-0
정가	15,000원

※ 잘못 만들어진 책은 바꾸어 드립니다.